覺察力

哈佛商學院教你
察覺別人遺漏的訊息，掌握行動先機！

麥斯・貝澤曼——著
陳重亨——譯

The Power of Noticing
What the Best Leaders see
by Max H. Bazerman

目次

導讀

從「網路資訊」看「覺察力」的重要

中原大學通識教育中心助理教授
中正大學心理學研究所博士
蘇友瑞

作為一名長期任教於通識教育中心的大學教師，對於貝澤曼《覺察力》一書所關注的要旨真是心有戚戚焉。這本書的宗旨一開始就寫得很清楚：「專注導致忽略明確的警訊……有沒有技巧可以避免？」我們可以輕易找到許多印證的現象，比如說，很多新聞或網路討論往往流傳這種看法：「四下無人時，不可以救助車禍受傷者，否則會被反咬一口當成肇事者，而必須巨額賠償。」其實姑且不論究竟有沒有這種真實案例，或根本造謠生事，會相信這種毫無根據的流言，很明顯只專注於「好心沒好報」的道德意識與憤世情緒，卻忽略「人與人之間冷漠無助」的社會危機。結果，被反咬一口「而且定罪」的案例遍尋不著，人們冷漠導致事故傷者無助而喪命者，卻時有所聞。高舉某種偏好的價值，因而導致忽略更重要的警訊，的確是生活在現代社會的人們所需要的「覺察力」。

然而從心理學的角度來看，覺察力不足完全是人類的先天限制，擁有百分之百的覺察力應該不太可能。因而作者只能尋找「增進」覺察力的方法，無法明確給予覺察力的定義與絕對標準。於是從第一章開始，作者先指出一個擁有覺察力的人，必定善於主動尋找正確的資訊；從第二章到第十章，再提出因為覺察力不足產生的各種謬誤；然後在第十一章與第十二章，提出增進覺察力的訓練方法。這些覺察力不足導致的謬誤，常常是心理學上的人性天限，例如第六章提出的「滑坡謬誤」，相當類似社會心理學的「Foot-in-the-door」（腳在門內）效應；也就是多次的說服（或決策）中，先提出小要求（小假帳），慢慢地就會習慣，而接受後來的大要求（大假帳）。既然是人類正常的心理現象，這些謬誤就不是隨便可以避免的人性先天限制了。貝澤曼將這些現象集合起來，主要還是針對本書的副書名「What the Best Leaders see」而來，也就是依作者長期研究領導者的決策歷程中，找出最容易犯下覺察力不足的謬誤種類，集合起來成為一個必備的訓練過程。

因此本書讀者必須意會到這個限制：第二章到第十章，很可能是特定社會或文化背景下，領導者最需要被訓練的覺察力視野。相對於台灣或華人世界的領域，很可能有不同的視野與方向，讀者必須自行尋找「增進」覺察力的合宜方法。

作者在第十二章提出加強覺察力的幾個建議方法：第一，他從內控／外控的相關研究提出，對於決策導致失敗仍然能保持「內在歸因」（歸咎於組織內部因素，而非外在環境因素），會是增進覺察力的重要行為。第二，他認為能跳出常理而發現不合理現象，是增進覺察力的指標之一。第三，他主張提出超乎現況的判斷，不被現在當下的是／否所限制，才能得到高度覺察力的效果。第四，他強調「當局者迷，旁觀者清」，應該重視局外人深度的見解，才能提高覺察力。這些方法都相當具有說服力，但是越是往下閱讀，越發現作者的論點被限制在特定的社會文化情境。

讀者應該可以察覺，作者這幾個方法完全無法要求一個人達成！即便是再厲害的超人，也做不到第二、三、四等種種方法。作者明顯假設一個合理的決策情境，應該是多頭並行，而非單一領導，比較像是董事會以民主討論來進行決策，而非期待一位智慧驚人的領導者，把一切都做到盡善盡美。這樣的決策領導模式，是否適用於華人情境？這已經超過我的能力所能討論；但是這樣的生活態度，是否可以讓人人都增進覺察力？這確實有明顯範例可以討論，也就是現今的網路社會現象。

寫這篇文章時，正逢台灣二〇一四年九合一選舉，最受關注的台北市長選舉，由政治素人柯文哲先生壓倒性地獲勝。他是否能成為優秀的市長，我們當然無法預測，但選舉大勝的事實，足以成為增進覺察力的一個示範。勝選後，許多媒體分析柯市長競選團隊的重要策略，都指出他特別重視「網路言論的大資料分析」，並有專人以精密的統計分析，提供網路上對柯文哲相關言論贊成與反對的大概情勢，從而修正他的選舉策略與言行舉止。的確，柯市長從剛開始參選時處處失言的窘境，到選戰後期民調持續大幅領先，可以看出他成功進行這場選戰的決策歷程。

從貝澤曼對於增進覺察力的四個方法看來，由於網路社會近乎多元而自由的腦力激盪，再加上支持者給予完整而深度的選戰建議與回饋，無形中符合了前述第十二章之第二、三、四等種種方法，再透過網路資料小組的統計分析，而回饋到柯市長自身的決策參考。作為成功的領導者，只要做到第一個方法，成為無論失敗或成功都進行內在歸因的領導者；再來就是透過網路社會，把這些無形的「跳出常理」、「超乎現況」與「旁觀者清」等資訊，慢慢地把一個政治素人修正為成功的政治專家，贏得一場選舉。同時也可發現，網路社會這種多元而自由的腦力激盪資訊，開始成為社會真實的借鏡，至少直接轉化成選票與支持度了。

然而，我們總得有一個正確的體認：提升覺察力絕對沒有簡單的方法與答案！它必須閱讀相關領域的案例，提出種種思考與反省，再與不同意見者挑戰與激盪，才有可能得到最佳效果。也就是說，非常不建議自己一個人關起門來閱讀這本書，這樣效果應該會很差，只會造成當局者迷的謬誤結果。理想狀況應該是組成多人讀書會，共同深入討論這本書的心得，至少也應該嘗試在網路社會與人交流本書的心得分享；如此一來，才容易體會本書強調的增進覺察力的方法。

前言
注意警訊，從個人經驗談起

一個人可以撇開頭幾次，假裝自己什麼都沒看見呢？

——鮑伯・迪倫（Bob Dylan）歌曲〈Blowin' in the Wind〉

九一一事件剛發生那幾晚，我好幾次都從夢中驚醒，夢見第二架飛機撞進第二幢大樓那一幕。儘管這樁悲劇真是大事，但會大到讓我從睡夢中驚醒，還是覺得非常奇怪。我的睡眠很少受到生活壓力干擾，一向睡得很好，也不太記得自己做的夢。但現在我卻因為相同的恐怖畫面連續多次被驚醒，醒來後就再也睡不著，這狀況實在少有。既然睡不著，我乾脆就不睡了，凌晨時分坐在家裡的辦公室，思考一下像我這樣的社會科學家，到底怎麼理解美國最近發生的事情。如此連續幾晚之後，我開始模模糊糊地意識到，九一一事件其實可以預見，也應該是可以預防的。以下是我在那幾天清晨草草寫下的論證要點：

◆美國政府知道，恐怖分子越來越仇視美國，而且他們都自願獻身當烈士。

◆一九九三年恐怖分子曾以爆裂物攻擊世貿中心。

◆一九九四年，恐怖分子曾劫持一架法航客機，也曾計畫將飛機當作飛彈，瞄準巴黎鐵塔，只是最後沒成功。

◆同樣也是在一九九四年，恐怖分子曾計畫同時劫持十二架在亞洲的美國商用飛機。

◆搭飛機的乘客也都明白，諸如小刀之類可充當武器的物件，都很容易帶進機艙內。

有了這些想法之後不久，我和當時在哈佛商學院的同事華金斯（Michael Watkins）喝咖啡時，談到我對於九一一事件的那些分析。華金斯馬上邀我到他的辦公室，拿出一疊標示著「可預測意外」（Predictable Surprises）的檔案，後來這就成為我們二〇〇三年的新書名（譯註：台灣中譯本為《透視危機：有效辨識及處理危機的實務指南》）。這本書談的是個人及組織如何發現危機，分辨其中的輕重緩急，隨之動員採取因應策略，以避免那些後果嚴重的可預測意外。那本書中有專章討論九一一事件，認為它就是一個可預見的突發事件，也預期到九一一調查委員會的最後結論：「九一一恐怖攻擊雖然令人震驚，但不全然是個意外。」[1]

我跟華金斯一起撰寫《透視危機》時，在決策領域也算是小有名氣的學者和教師。過去我也曾經出版該領域最重要的教科書，而且覺得自己在個人生活方面的決策也一向做得不錯。二〇一三年，我和葛根（David Gergen）一起獲選為哈佛大學甘迺迪學院公共領導中心（Harvard Kennedy School Center for Public Leadership）的主任。有充分理由可以這麼說，不管是對個人、團隊或組織來說，領導統御在本質上，就是來自於有效的決策。這兩者之間的關聯我一直都有些想法，不過要等到撰寫《透視危機》時才變得更加清晰。我從那時才開始意識到，我對於人類決策失敗的理解有著嚴重的空缺，甚至是關於決策的科學及管理文獻中也存在著這樣的空白。我也越來越清楚地意識到，一旦我們的領導人無法正確解讀一些非典型數據資料時，就可能產生可怕後果。

我們都很容易錯失重要事實，而擴大視野必能帶來深切的好處，我生活中剛好有兩件事可以說明這些道理。首先是二〇〇三年，我參加一場由另一位哈佛同事班納潔（Mahzarin Banaji）舉辦的講座，她在演講中播放了一段一九七〇年代由心理學家納瑟（Ulric Neisser）攝製的影片，也許有些人曾經看過。在播放這支十八秒影片之前，班納潔對聽眾說，大家會看到兩組三人球員傳球的重疊影像。其中一組穿白衣服，另一組穿黑衣服。而我們的任務是，點算穿白衣服的三人組總共傳了幾次球。由於兩組人的影像重疊，而且影片畫質欠佳，所以要點算清楚也不太容易。各位在繼續閱讀之前也可以先看看這段影片，看看你能不能算清楚納瑟影片中的白衣人總共傳了幾次球：http://www.people.hbs.edu/mbazerman/blindspots-ethics/neisser.html。

我對自己的專注力非常有自信，所以也點算了白衣球員的傳球次數。當班納潔公布答案是十一次時，我覺得自己很厲害，心底暗自讚許。不過她接著又問現場幾百位觀眾，是否發現這段影片中有什麼奇怪的地方。這時會場後方有位女士說「有個撐傘的女人」從那些球員面前走過。這番話可真是奇怪，更讓我驚訝的是，現場也有好幾位觀眾證實這個說法。

班納潔又再播放一次影片，真的有個女人撐著傘穿越那些傳球的球員。如果你不是專注在點算傳球次數的話，她其實很容易就會被看到（各位要是剛剛看了影片，不相信裡頭有個撐傘女人的話，請再看一次）。這段影片後來又有許多不同的版本（最有名的版本是以穿著猩猩裝的人代替撐傘女人），心理學家查布利斯（Christopher Chabris）與西蒙斯（Daniel Simons）甚至針對那支猩猩版影片寫了一本書來討論，書名是《為什麼你沒看見大猩猩？》（*The Invisible Gorilla*）。

我沒看到撐傘女人其實並不意外（歷經多次實驗，沒看到的觀眾在七九％至九七％間），現在也有許多心理學文獻對此現象做出解釋，不過我自己還是覺得很吃驚。我後來也在課堂上播放這段影片，學生們都跟我一樣忙著點算傳球次數，渾然不覺眼前相當明顯的訊息。在我看過影片之後的幾年，我對自己竟會忽略撐傘女人一事仍然耿耿於懷，因此過去十年來，我的研究和教學幾乎都跟這件事有關。

當然，生活上並不會因為能在疑難問題中發現撐傘女人就保證成功；謹慎地培養出專注的能力，也必定比較有用處。但我還是很想知道，「專注」是否也有它的代價？除了某種視**覺上的花招之外，「專注」是否也可能妨礙我們注意到一些重要資訊？**在我們懂得辨識雨傘或大猩猩之後，是不是還有更多事情必須學習，才能看出隱訊、辨識危機呢？

這些問題又引發另一件事情，讓我對於覺察警訊的思考更加清晰。二〇〇五年有一家名列《財富》（*Fortune*）前二十大的企業找我幫忙，為該公司七十五位高階主管開設外交方面的決策及談判課程。課程採取小班教學，每次大約只有十五位高級主管參加，針對我客戶最近碰上談判方面的一些疑難雜症，進行個案研究。在第一次上課的一小時之前，有人為我介紹三位看來非常傑出的人士，說是課程的「特別顧問」，據說個個都具備課程上極為受用的專業。這狀況讓我覺得很困惑，所以我就找到當初邀我開課的某高階主管，問問到底是怎麼回事，我才知道這三人之中有兩位曾經擔任該公司所在國家的官方大使，也曾派駐在個案研究即將分析的一些國家；另外一位則曾經擔任非常高階的情報官員。我記得我當時覺得，在課程即將開始之際知道這些訊息，也很不錯。

但後來的情況卻變得有些複雜。這三位外交官在課堂上常常打斷我授課，而且對此似乎毫不在意。更糟的是，他們提出的一些意見跟授課內容也沒有多大關係，至少依照我的原訂計畫來看是如此。坦白說，我一開始很火大。不過這樣上了半天課之後，我對他們的意見反而大為讚賞。我了解到他們這麼做是有意義的，而且也提供不少獨特見解。其見解之獨特，在於他們的考慮往往能夠超越企業經理人所關注的焦點，甚至比我的還大。這些外交官的思慮超脫框架，循序漸進地幫助我們撥雲見日。那些經理人和我的作法，一向是針對我們認為相關的資料進行嚴密檢視和分析，才針對問題思考下一步應該怎麼辦。然而這幾位外交官卻是預先就思考到之後的第三、四步，而且在過程中涵納更多樣化的數據和資料以供思考，並藉以發展出有趣而重要的見解。他們往往出於直覺就會想到，跟某國的談判也必定會影響到其他周邊國家的決策和行為。

回想自己忽略撐傘女人的往事，我也意識到自己雖然善於處理眼前看得見的資訊，卻可能疏忽其他重要警訊，以致在工作或生活的其他面向無法更加妥善地完成真正目標。最後我終於了解到，那幾位外交官具有擴大視野、超越尋常界限的能力，如此技能對大家都有好處，特別是對那些必須帶領眾人擬妥決策、採取適切行動的領導者。在對這家企業經理人授課的過程中，我對自己的研究提出一個截然不同的全新問題：**我們能否開發出一些技巧，來克服人類認知上的自然界限呢？**答案是「可以」，這本書要說明的也就是這個。

從我列舉出來的這些事而言，這本書是從我自己的經驗出發，談論疏於覺察警訊引發的失敗：這個失敗會導致個人的錯誤決策，帶來組織上的危機，甚至是社會的災難。本書將針對這三方面詳細察考，藉此提供一些資訊認知上最新的研究和發展，這些都是一般人經常忽略的。過去十幾年來，我從自己的經驗和研究加以歸納，整理出一套幫助大家覺察警訊的架構，否則那些訊息都輕易地被漠視和忽略。

諾貝爾經濟學獎得主康納曼（Daniel Kahneman）在二〇一一年他的暢銷書《快思慢想》（*Thinking, Fast and Slow*）中討論到史坦諾維奇（Stanovich）和韋斯特（West）對於「思考系統一」和「思考系統二」的區分。[2] 思考系統一是我們的直觀系統，它的運作快速、自動、輕鬆，屬於情感內部運作，也容易受到情緒影響。相對而言，思考系統二則較為緩慢而自覺，比較費力，但也更明確而合於邏輯。我在紐約大學的同事喬桃莉（Dolly Chugh）指出，企業管理往往步調忙亂，因此管理人員通常依賴思考系統一。而《覺察力》的讀者，大概也是工作繁忙人士吧，因此在進行許多決策時也會依賴思考系統一。但遺憾的是，我們依賴思考系統一時，通常會比思考系統二更容易限制自己的認知，也更容易受到偏見所影響。

能在大環境脈絡中注意到很多人忽略的重要資訊，通常是靠思考系統二的運作，而博弈理論（game theory）所鼓勵的邏輯本質，也類似於思考系統二。系統二要求我們回頭檢視，分析情勢，提前想出下一步或未來該怎麼走，設身處地去思考別人對我們的決策會有什麼反應，這些過程都是直觀型的思考系統一無法適切做到的。就覺察警訊這一點來說，思考系統二和博弈理論大體上一致。因此《覺察力》會幫助各位的是，在進行重要的判斷和決策時更加依賴思考系統二。你要是可以多多依靠思考系統二，就會從你所在的環境中發現更多相關訊息。能注意到面前不是直接可見的警訊，往往違反直覺，而這就屬於思考系統二的範疇。

所以，本書的目的和承諾是：**透過思考系統二讓你擴展視野，引導各位做出更有效的決策，也因此避免更多的失望。**

更廣泛的論據：忽略警訊

由於「決策」主題在行為研究上快速進展，凸顯出注意警訊的重要性，現在又因為《推出你的影響力》（*Nudge*）、《快思慢想》、《誰說人是理性的！》（*Predictably Irrational*）等書的推波助瀾，獲得更加廣泛的注意，也逐漸擴展到其他領域，包括行為經濟學、行為金融學、行為行銷學、談判，以及行為法律等等。這些研究都源自於西蒙（Herbert Simon）的「有限理性」（bounded rationality）概念，和康納曼與特沃斯基（Amos Tversky）對於系統性且可預期偏見的研究，那些偏見甚至連最良善、最聰明的人都難以倖免（西蒙的研究讓他榮獲一九七八年諾貝爾經濟學獎，而康納曼也在二〇〇二年獲獎，假如他的研究夥伴特沃斯基仍然在世的話，必定能夠共享這份殊榮）。基本上來說，康納曼和特沃斯基的研究是對傳統經濟學模型發動一場革命，因為過去經濟學都假設人是完全的理性。

我過去三十年來的研究，就是根據上述這些成果展開的。我曾在美國西北大學凱洛格管理研究學院（Kellogg Graduate School of Management）和哈佛商學院教授決策課程，另外也負責將決策的行為研究觀點帶進談判和行為倫理學領域。然而，「有限理性」概念和行為經濟學影響領域，大都是根據我們如何誤用眼前資訊來定義問題。相較之下，警訊覺察則著重在我們認知上的限制，也就是我們為何無法看見或找出那些在大環境中原本能夠快速取用的重要訊息，而這種對於重要訊息的疏忽，是以某些系統性且可預期的方式在進行。

在《快思慢想》書中，康納曼確實也觸及了警訊覺察的主題，來解釋我們可能只是根據有限資訊而直接跳到結論的情況。這種以為「眼前所見即是全部」（what you see is all there is）的錯誤假設逕行決策的狀況，他稱之為「WYSIATI」。**《覺察力》要處理的就是這種人類思考上的限制，找出我們常常看不到或疏於注意的資訊，並說明如何運用這項知識來尋找最有用的資訊，完成最佳決策。**我同意康納曼對於人類如何行為的描述，但還是希望領導者都能了解「眼前所見並非全部」，並且學會何時及如何去獲取那些遭到忽視的資訊。

我們隨時隨地都會碰上一些狀況，必須克服這種限制。最近發生的許多危機，都不是因為我們誤用資訊，而是大家經常輕易地疏忽一些有用的訊息，尤其是那些應該解決問題、防止問題的領導者：

- 很多人都沒注意到，數據明明顯示天氣太冷會造成「挑戰者」太空梭發射升空的危險。
- 很多人疏忽了安隆公司（Enron）財報造假的事實。
- 很多人都沒發現馬多夫（Bernard Madoff）所說的投資報酬根本不可能辦得到。

◆美國賓州州立大學的兒童性侵案，明明就在眼前發生，許多人還是視而不見。

◆事前洞悉美國房地產市場將引發全球金融危機的人，微乎其微。

以上那些危機的發生都能輕易說明，就算是非常聰明的人也會疏忽重要資訊。

當代社會中有許多失敗案例讓我們感到詫異，為什麼會發生這種事呢？為什麼我們沒看到呢？《覺察力》即是對此提出解釋和說明。我在書中利用十年來的研究，論證即使是成功人士也常忽略周遭一些重要而容易取得的資訊，因為人在專注於特定幾項資訊時，往往就對其他訊息視而不見。如果我們想要追求成功，發現這些額外資訊是非常重要的。未來這項能力也會被證實是成功領導者的特質。此外，我們在關注額外資訊的同時，也無須放棄專注力的好處。這本書會幫助各位，讓你知道應該在什麼時候尋求更多有用的訊息，並讓你學會如何應用在自己的決策。它會提供一些工具，幫助各位睜開雙眼，讓你第一次學會覺察，並在未來的一生中受用無窮。

| 第一章 |

賽車和修車

歡迎大家參與我的管理決策課程，這是最接近我實際上課狀況的紙上呈現。我經常利用模擬狀況來教學，而我最喜歡的一個模擬狀況，是由布利頓（Jack Brittain）和錫特金（Sim Sitkin）設計的賽車決策模擬，要求那些擔任經理人的學生根據一些特定條件來決定是否出賽。在向各位報告模擬狀況之前，希望大家都能明白，這項練習跟賽車本身或引擎這些主題無關，那些事情我也不懂。我在課堂上也是這麼預先跟學生說明。

以下就是我那些經理人學生會讀到的模擬狀況：[1]

1. 某賽車隊歷經非常成功的賽季後，正準備參加本季的最後一場比賽。過去出賽的十五場中，有十二場都拿下前五名的戰績。
2. 該車隊在過去二十四場比賽中，總共出現七次墊圈問題而無法完成比賽（另有兩次是因為其他問題而中途退出），這七次墊圈問題都造成程度不一的引擎損壞。
3. 維修引擎的技工認為墊圈問題跟環境氣溫有關。過去幾次墊圈出現問題時的氣溫分別是：華氏五十三、五十六、五十八、六十四、七十、七十和七十五度。而造成引擎損害最嚴重的那次，正是氣溫最低的五十三度（約攝氏十二度）。那次比賽的前一夜，氣溫甚至在冰點以下，一直到比賽開始之前不久，氣溫也才四十度（約攝氏四度）。
4. 但車隊的首席技師不同意引擎技工的看法，認為墊圈問題跟冰冷的氣溫無關，還說：

光在場內坐著也贏不了比賽啊。

5. 在之前的兩場比賽，車隊預先調整了墊圈位置，因此這個問題或許已經解決了。但是那兩場比賽的氣溫都是七十幾度（約攝氏二十一度）。
6. 今天這場比賽是一場重大的盛會，電視台也會進行全國轉播。
7. 你打的算盤是，要是這次車隊也能拿下前五名成績，就能爭取到很多贊助，明年車隊的財務狀況就會很好。但要是在全國電視轉播時又出現墊圈問題，事業大概就毀了。不出賽或是完成比賽，但成績不在五名內，預料對車隊的競爭地位不會有太大影響。

那麼，你決定出賽嗎？現在請各位做決策。

實際上的模擬狀況會提供更多詳細資料，不過基本要素這裡都具備了。在我的課堂上，經理人學生閱讀這些材料時，我還對他們說了三次：「各位需要更多資訊的話，請跟我說。」各位是否需要其他資料呢？比方說，要是你想搞清楚氣溫跟墊圈問題是否有關，會需要什麼數據資訊？

我課堂的經理人學生大多沒要求其他資料，而且大多也都決定照常出賽。他們的理由是，這個問題出現的機率只有二十四分之七，而且首席技師也說了，光坐在場子裡也贏不了比賽。我的學生當然也考慮到氣溫太低可能帶來的問題，但認為光憑那些數據資料無法確定

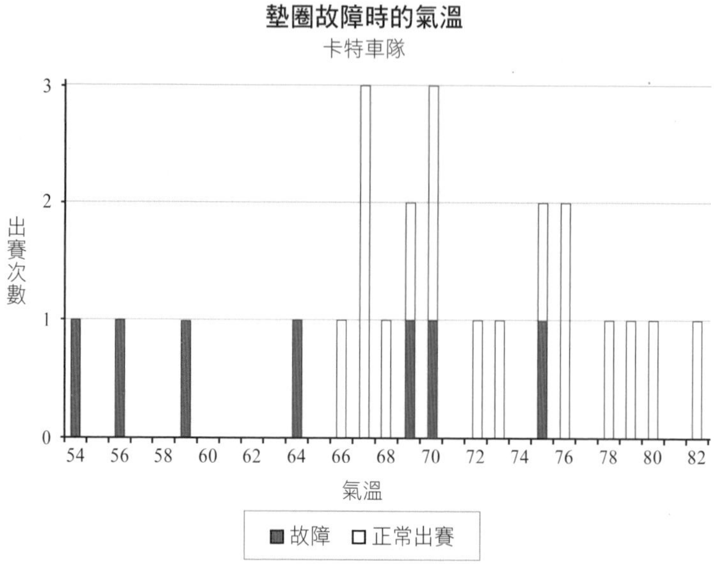

這一點。

特別引人注意的是，有一位經理人要求提供重要資訊來檢驗氣溫關聯的假設。你如果想知道天候因素跟引擎故障是否有關，你會想知道引擎故障時的氣溫，或者是引擎正常運作時的氣溫呢？還是兩種資料都需要？任何具備引擎維修技能、基本統計知識，或者只是具備一點邏輯常識的人大概也都知道，答案是：兩種資料都需要。然而在我三次發問：「各位需要更多資訊的話，請跟我說。」大多數經理人卻都沒要求引擎正常運作時的氣溫數據。

少數經理人問我引擎正常運作時的氣溫資料，所以我也提供更多資訊，以下即是墊圈沒出問題時各場比賽的氣溫：華氏六十六、六十八、六十九、七十二、七

比對所有比賽資料的墊圈故障率

氣溫	墊圈故障次數	比賽次數	故障率
＜65	4	4	100%
65-70	2	10	20%
71-80	1	9	11%
＞80	0	1	0%

十五、七十九、八十、八十二度，另外七十和七十六度各有兩場，六十七度有三場。

這些新的資料是否改變你的想法？現在你大概注意到，車隊在氣溫低於六十五度以下的四場比賽都沒能完成，代表墊圈問題跟低溫的確大有關係。請見右頁的圖表，各位也許就更清楚了。

事實上，如果使用所有二十四場比賽的數據資料進行邏輯迴歸分析，就會知道最後一場比賽失敗的機率高達九九%以上。但要是不知道完成比賽的數據，你就不可能看出這個模式。大多數經理人都沒索取這些資料，所以也不曉得，因此決定出賽。

各位要是不知道邏輯迴歸分析怎麼做，也沒關係，根本也不需要，只要做一些簡單的思考就夠了。上方這張表格也許就能做出回答。

課堂討論時，我說某位經理人因為要求其他十七場比賽的資料，所以才能正確解答問題，但其他同學可不服氣了。

他們抗議說，資料發布並不公平。我說我已經問過三次：「各位需要更多資訊的話，請跟我說。」但經理人學生仍然辯稱其他個案研究的老師都一次公布所有資料。他們說得也沒錯。但我們在決策的時候，往往以為自己掌握了所有資料，其實還有一些資料是我們必須自己去要求的。

在你眼前所看到的，往往不會是全部。各位要記得問這些問題：「我想要知道什麼？」以及「還有什麼別的資料可以幫助我做決策？」如此一來必定有所幫助，讓你成為更好的決策者，有時候甚至還能救人一命。

布利頓和錫特金這個模擬狀況的設計，就是根據一九八六年一月二十七日發射的「挑戰者」太空梭，在發射前一晚所發生的實況。那天晚上，來自莫頓聚硫橡膠公司（Morton Thiokol）受過技術訓練的工程師和經理，跟美國太空總署（NASA）官員討論太空梭升空在低溫天候是否安全的問題。莫頓聚硫橡膠公司是太空總署建造太空梭的下游包商。現在各位要是得知，過去二十四次發射任務中，有七次就曾經發生過O型墊圈的問題，大概也不會太驚訝吧。莫頓聚硫橡膠公司的工程師一開始就建議上級和太空總署的官員，太空梭在低溫天候中應該暫停發射，他們認為O型墊圈問題的嚴重程度必定和低溫有所關聯。但太空總署官員認為工程師無事生非，根本也拿不出確切證據來改變發射計畫。

許多經驗豐富且受過嚴格訓練的太空總署工程師，都看不出天候因素與O型墊圈故障有明確關聯。但是從他們的專業背景來看，顯然也應該要曉得，要判斷戶外氣溫跟引擎故障是否有關係，必須同時掌握故障時和正常運作時的氣溫資訊。然而莫頓聚硫橡膠公司的人沒有拿出過去十七次成功發射時的氣溫紀錄，而太空總署那邊也沒人問起這個。就跟賽車決策模擬時一樣，只要看到氣溫與O形墊圈故障的所有資料，就可以預測到「挑戰者」號太空梭的故障機率會高達九九%以上。然而跟我們許多人一樣，那些工程師和管理者都把自己限制在眼前可見的數據資料上，並沒有進一步去思考，判斷氣溫是否導致故障還需要什麼別的數據資料。

我們經常聽到「不受眼前所局限，要能看到框架之外」這種話，但在面對問答、尋找對策的時候，卻很少會去問自己，眼前的資料是否就是解答問題的正確資訊。**只要你曉得去尋求正確數據資訊，就可以讓你成為更好的決策者。**

根據事後分析報告，「挑戰者」號其中一具固態燃料火箭推進器的O形環，因低溫造成密封故障，才引發爆炸。「挑戰者」號工程師和管理人員應該也都是聰明人，卻因為判斷受制於眼前資訊，無法進一步思考框架之外還需要更多資訊，才造成七名太空人喪生，讓美國太空總署遭遇前所未有的驚人挫折。很不幸的是，像這樣的錯誤其實很常見。從行為心理學上的研究，在進行決策時常常有人陷於「眼前所見即全部」的錯誤。也就是說，我們在進行決策時常常局限在那些容易獲得的數據資訊上，而不懂得要求其他資訊才能得到最好解答。

光是涉獵最新的決策研究，也不足以確保各位都能學到做出最佳決策的技能。

同情美國太空總署

太空總署和莫頓聚硫橡膠公司的確是犯下恐怖錯誤，我第一個反應也是希望自己永遠不要犯下這麼可怕的過失。我稍做反省後，慶幸自己在進行重大決策時，不只是採用那些輕易獲得的資訊而已。不過很遺憾的是，我後來發現自己一樣會犯下相同錯誤。現在先來看我成功的光榮戰績。

我一直以為自己在個人生活上也會享有十五分鐘的名聲，是真正的成名，而不只是在學術界。結果這個出風頭的機會還真的來了，雖然只有九分鐘，但我也很滿足了。二〇〇三年五月二十四日，我在辦公室工作時突然接到一通電話，說是「《汽車談話》的路易」打來的。各位也許知道，《汽車談話》（*Car Talk*）是美國公共電台多年來的熱門節目。這個節目雖然在二〇一三年喊停，但仍然常常重播，是由汽車技師湯姆和雷伊・馬格里歐利（Tom and Ray Magliozzi）一起主持，會提供許多修車保養上的建議，也會閒聊一些他們突然想到的話題。我偶爾會收聽這個節目，我和湯姆是三十年交情的老朋友。湯姆比我大十八歲，不過我是他的老師，一九八〇年代我在波士頓大學教書，他來上了幾門博士班課程。總之，二〇〇三年時《汽車談話》是很熱門的地方廣播節目。雷伊則在麻州劍橋經營「好消息車廠」，就在我家附近。

路易在電話上跟我說，剛剛節目中湯姆答覆一位聽眾的電話詢問，說應該要找哈佛商學院的貝澤曼教授商量一下。我那天原本沒在聽節目，但路易在網路上很快找到我的電話，打來問我願不願意電話連線立即上節目。我說好，馬上就聽到：[2]

湯姆：你好啊，現在是《汽車談話》直播。

我：嗨，大家好，我是麥斯．貝澤曼。

湯姆：真的來啦！

雷伊：（放聲大笑）嘿！

我：聽說你要問我問題。

湯姆：是啊，沒錯！而且我認為只有你能回答。

我：哇嗚……。

湯姆：剛剛有位聽眾瑪麗來電，說她有輛九四年的雅哥（Accord），行駛里程數頗大，現在她想賣掉。她把車開到經銷商那邊，了解一下車況，希望自己以後可以誠實地對待買家。經銷商認為那輛車大概需要五百美元的維修費，水幫浦和正時皮帶（timing belt）都要換新。現在，問題是這件事該怎麼處理，才會比較吸引買家：賣家先把車子修好，再跟買家說

「對了，我剛花了五百美元更換水幫浦和正時皮帶喔」；或者是告訴買家：「我知道水幫浦和正時皮帶都要換新，所以我可以降價五百美元。」這樣買家是否比較樂意購買？

雷伊：而且你可以找自己的技師來修，或者不管它，自己可以決定。

我：喔，所以選項A是：自己先修好；選項B是：把那筆修理費當成降價的折扣。

湯姆：是啊。

我：而且瑪麗想要表現最大誠意，誠實地面對買家。

湯姆：她也是想要讓買家掏錢啦。

雷伊：她想要盡可能地……

湯姆：……吸引買家上門。

我：這樣嘛，在A跟B之間，我想我會選擇C。我覺得……。

雷伊：（大笑）我就說嘛，一定是這樣！

湯姆：我也知道啊，一定是這樣！

我：我覺得，就算你先修好，別人也不在意。沒人對它過去怎樣感興趣的，除非你真的很懂車子。但大多數人其實都不太懂車子。

湯姆：是啊。

我：我們大概只會想知道，這車子是否曾經出過重大事故。

湯姆：我同意。

我：還有，第二，要是你說這些東西壞了，這裡有五百元讓你拿去修理，我會有點擔心，說不定到時修了八百元。

雷伊：說不定還更多……。

我：就是啊。要是瑪麗很有信心，知道修理費就是五百美元的話，我想我也會告訴他們，然後答應會由我負責送修，並支付帳單。

湯姆：喔，所以賣家也不必管要修什麼。

我：沒錯。

湯姆：嗯……。

我：你覺得呢？

雷伊：啊，沒有。我同意。

湯姆：選項C是……。

雷伊：選項C是……要是你想要這輛車，要是你買了這輛車……。

湯姆：我知道水幫浦和正時皮帶都要換新，我會負責把它修好……要是你願意買車，我就去把車修好，換上新的水幫浦和正時皮帶，才交車給你。

我：正確。或者說，你要送去「好消息車廠」修理，帳單我來付。

湯姆：那他們會說：「送哪兒隨便你，就是不要送去那裡。」

我：對嘛，哪兒都行，就那裡不行。

雷伊：（笑）好吧。

我：所以兩位覺得如何？

湯姆：我們？你才是專家啊，我們根本不知道自己在想什麼！

雷伊：才不。麥斯，我同意你的看法，兄弟。

我：很好！

湯姆：啊，對，我想C才是正確的。而且我們都沒考慮得那麼深入。

我：太棒了。

那天在節目上又聊了一會兒，就很愉快地結束了。不過那場對話大概挺受歡迎的，所以常常聽到重播，讓我特別高興的是，有幾百萬名聽眾聽到我說服馬格里歐利兄弟接受我的意見，他們可是出了名的老頑固啊。而且每次一重播，就會有很多老朋友告訴我。知名心理學家兼倫理學家巴特森（Dan Batson）和同事後來在某篇研究報告中，也對我提出的意見稱讚不已。我對自己提出的意見也相當得意。

我的回答只是採用一個簡單概念：**不要把自己限制在眼前的選項或資料之中**。我是「跳脫框架」來思考，例如下面這張圖，九個點組成一個箱子形狀，你可能碰過有人叫你只用四條線，把這九個點全部連結起來，但必須一筆畫完成，線條不得中斷。要是你沒玩過這個不知道怎麼解決，可以給你個提示：那幾條線的轉折點是在格子外。

你往往必須拒絕陳列在眼前的選擇，並且察覺到框架之外的一些新資訊，才能做出最好的決策。但是如同我剛剛說的，我也不是每次都能做到。

我最近參加一場哈佛同事澤克豪瑟（Richard Zeckhauser）主持的會談。他問台下觀眾這個「膽固醇問題」：

> 醫生發現你的膽固醇指數高達二六〇，因此從幾種可用的施德丁（statin）藥物中開出一種。她說這種藥大概可以降低三成的膽固醇，但會有一些副作用。兩個月後，你去醫生那兒回診，

發現膽固醇指數已降到一九五，唯一的副作用是手汗惱人，這種情況大約是每一、兩週會出現一、兩個小時。醫生問你可以忍受這個副作用嗎？你說可以。她說那就繼續服用這種藥。你會怎麼回答？

我自己當然也有可疑的脂肪，所以也仔細研究過膽固醇的問題，而且我也不太怯場，所以我就公開地說我會選擇繼續使用那種施德丁藥品。澤克豪瑟回答說：「你為什麼不試試別的施德丁藥品呢？」他這麼一說，我馬上想到他說的也許沒錯。這問題並不在於是否繼續使用原來這種藥，而是有更多的選擇，包括換另外一種藥來試試看，也都很合理。畢竟還有許多同樣有效的施德丁藥品，也不會有手汗或其他副作用。我猜很多病人只能二選一地做出錯誤決策，是因為醫生只給他們兩個選項。像這種陷於二選一的狀況很容易出現，我在《汽車談話》直播時躲過這個陷阱，但在澤克豪瑟的座談會上就掉進去了。我的同事問我要怎麼選，我就照著他給的選項來選，這樣就錯了。我可以、也應該要問他還有沒有其他選項。但我沒問，就輕易地接受他人攤放在眼前的選擇。

《汽車談話》和膽固醇這兩個例子證明，只專注眼前選項，不能創造出新的選擇，就可能帶來不太好的決策。賽車決策和「挑戰者」號的例子則顯示，在兩個選項中（參賽／發射；不參賽／不發射）要是無法找出需要的資訊，最後會產生什麼後果。更廣泛地說，這兩種問題都同樣是因為我們太過專注在眼前資訊，而且只專注於此才造成的。

要學會注意「錯失訊息」這件事，就必須先了解我們為什麼會沒注意到。而本書提供的，就是讓各位察覺和了解這種認知上的缺陷，並提出一些基本方法，讓你之後在生活上可以學會關注資訊。

籃球、大猩猩和應該看見的盲點

我在前言中承認沒看到一九七〇年代納瑟影片中那名撐傘的女人。西蒙斯和查布利斯曾經利用納瑟的影片做出好幾個版本，其中之一是套著猩猩裝的人穿越其中，做出拍胸的滑稽動作超過五秒。[3]我最近查看影音視訊網站YouTube，裡頭有一百多支相關影片，其中一支獲得一千五百多萬次點擊數。那麼明顯可見的訊息反而因為專注而沒看到，的確很驚人。納瑟將這種現象稱為「**無視盲點**」（inattentional blindness）。

曾經有飛機駕駛員因為專注於起飛動作，卻忽略另一架飛機擋在升空跑道上，無視盲點對於這種情況正可提供部分解釋。汽車行駛間發生事故，往往也是因為司機分心注意其他事，例如使用手機打電話或查閱、發送簡訊，才造成不安全駕駛。我相信無視盲點的研究，對於嚴禁開車時使用電子設備的法規提供科學證據。同樣是沒看到，忽略影片中的猩猩裝跟忽略高速公路上突然出現的車子，後果可是有天壤之別啊！

無視盲點在本質上不全然是個過錯，但也強烈暗示它就是很多決策者忽略大量可輕易取得的資訊的根本原因，我的同事喬桃莉稱之為「**有限認知**」（bounded awareness）。比方說，我太太瑪拉常說她已經告訴過我某些事情，可是我完全沒印象，這真是讓我驚訝。我常懷疑那些互動該不會是瑪拉自己幻想出來的。不過既然我沒看到納瑟影片的撐傘女人，也許瑪拉跟我說她表姊寫電郵告知要到波士頓玩，或者她問我一些行程相關的事情時，我正好專注在別的事情上也說不定。

當然啦，我這本書不是要談婚姻治療，教你怎麼乖乖聽老公、老婆說話，而是要討論我們人類的覺察力，讓個人、團隊、組織乃至整個社會在進行重要決策時，不會忽略一些重要資訊。而且各位從書中學到的一些本領，也可以應用到最重要的人際關係上。

從有限認知到排除盲點

盲目和受限都讓人不知如何是好，但事實上無視盲點和有限認知並非無法克服。少數人在第一次觀看影片時就注意到大猩猩，就好像賽車決策的個案研究中，也有少數人會把握到其中的關鍵。他們都能適時發揮覺察警訊的能力，看到大多數人疏忽的事情。由此可知，有限認知是可以克服的。

在我最喜愛的電影《浪蕩子》（*Five Easy Pieces*）中，有一場戲是尼克遜（Jack Nicholson）

飾演的主角鮑比，和另外三位朋友一起坐在公路邊的小餐館內。[4]鮑比點了煎蛋加番茄、不加馬鈴薯，麵包卷要替換為全麥吐司，但女服務生拒絕他的要求，表示餐館規定不能更換菜色。鮑比試著說服對方，但女服務生嚴峻拒絕。當她轉身準備離開時，鮑比又叫住她：

鮑比：等一下，我決定好了。我要煎蛋就好，不必加番茄了，盤子裡也不要馬鈴薯，還有一片全麥吐司和一杯咖啡。

服務生：對不起，我們不能點一片吐司。我可以給你一個英式鬆餅或咖啡卷。

鮑比：不能點一片吐司是什麼意思？你們不是也做三明治嗎？

鮑比：你有麵包嘛，不是嗎？也有什麼烤麵包機吧？

服務生：這規則不是我訂的。

鮑比：那，我盡量讓你方便一點。我要一份煎蛋，什麼都別加，還有一份全麥雞肉沙拉三明治，但不要塗奶油、美乃滋，也不要生菜，還有一杯咖啡。

女服務生記下他的點菜，語帶諷刺地重複：

服務生：一份二號餐，還有一份雞肉沙拉三明治，別放奶油、美乃滋和生菜，還有一杯咖啡……還要什麼嗎？

鮑比：現在你連雞肉都不加，只要給我吐司，我會付三明治的錢，那你什麼規定都不違反。

服務生：（挑釁地說）你叫我連雞肉都不加？

鮑比：留著你自己用腿夾著吧！

其他三人都笑了，女服務生則指著櫃台上「恕不招待」的告示牌。

我的個性剛好也是敢說敢講，又是吃素，可說是個挑剔的美食家，也能說是嘴刁，就看你喜不喜歡我這種人。我很欣賞電影中鮑比對於餐館、菜單和不准換菜的規定進行創意分析。他很巧妙地點到自己想要的食物，而不是對餐館提供的照單全收。當然，他最後跟餐館鬧翻了，什麼都沒吃就離開那裡，但這場戲裡有個絕佳的人生教訓。事實上是有兩個。

我在生活中常常學習鮑比，希望找到獨特的解決方案，又不會跟他一樣，在執行上把事情搞砸，後者可不比前者容易。注意到別人疏忽的事情，也許必須突破障礙、打破規定或規範，其中有些成規、慣例也的確必須被打破。對領導者和所有人來說，關鍵就在於要學會鮑比的思考方式，而且最後也能得到你想要的煎蛋、番茄和吐司。

｜第二章｜

動機盲點

二〇一一年十一月五日，當時擔任賓州州立大學（簡稱賓州大）足球隊助理教練的桑德斯基（Jerry Sandusky），因為涉及四十起性侵八至十三歲男童的案件，遭到警方逮捕。二〇一二年六月二十二日，法庭確認他犯案高達四十五件。桑德斯基案的大陪審團報告讓人看了十分鬱悶，其中有兩個事實非常明顯：他利用賓州大足球隊的慈善活動吸引小朋友，帶他們進球隊餐廳吃飯、一起參加季後賽活動。[1] 賓州大有些員工親眼看過桑德斯基性侵男童，也有些人聽過這些事，但他們都沒向警方告發。桑德斯基案的悲劇讓人想問，為什麼這些看來都很有責任感、很能信賴的成年人，明知有兒童慘遭性侵，卻都沒有採取行動呢？為什麼他們可以視而不見？我們在做決策時該如何避免這種情況？

桑德斯基案的罪行很可怕，但有那麼多人視而不見也一樣駭人。我們之前討論的粗心大意、無視盲點，與此相比，簡直是小巫見大巫。儘管事證歷歷，卻故意忽視他人胡作非為，顯然更糟糕。

以下略述案發經過。一九九八年，桑德斯基擔任賓州大足球校隊助理教練期間，一名十一歲男童的母親對賓州大校警投訴，說她的孩子在校隊慈善活動認識桑德斯基，後來在球隊浴室遭到他的猥褻。據檢察官指出，校警對此進行長時間調查後，認為桑德斯基還侵害了另一名孩子。有兩位校警探員無意間聽到桑德斯基對第一名男童的母親坦承性侵，並說知道自己錯了。然而當時該郡的地方檢察官（已歿）卻以事證太薄弱為由，決定不予起訴。於是校警方面即視為結案，但希望桑德斯基不要再跟小孩子一起洗澡。

一九九九年桑德斯基從賓州大退休，但他在學校體育館仍保有一間辦公室、更衣室的鑰匙，以及其他設施使用權利。二〇〇〇年秋季，桑德斯基正在浴室內性侵男童時，被賓州大一名校工發現。那名校工驚嚇之餘，只私下對其他資深員工表示，那幅景象比他親眼目睹的韓戰場面更讓他不安。但是那名校工和他的同事及主管，事後卻都置若罔聞，當作沒看到、沒聽說這回事，也沒再向任何人舉報。後來這些人表示，保持緘默，是因為害怕丟掉工作。

二〇〇二年三月一日晚上，過去曾經是球隊四分衛的賓州大學研究生麥奎利（Mike McQueary），當時也擔任助理教練，他親眼目睹桑德斯基在球隊浴室性侵一位十歲男童。後來據檢察官指出，麥奎利並未報警，而是先問他父親該怎麼辦。隔天，麥奎利跑去找賓州大的傳奇教練佩特諾（Joe Paterno），把自己所目睹的事情，一五一十地告訴佩特諾；但佩特諾後來卻表示，麥奎利只告訴他桑德斯基對某名兒童的行為可能不檢點。

佩特諾的反應和麥奎利一樣，他也沒有報警，只把麥奎利的話轉告大學體育主任柯利（Tim Curley）。根據佩特諾家族的發言人表示，佩特諾從沒過問對桑德斯基的這項指控，後來也沒再關心學校或警方對桑德斯基是否採取任何行動。佩特諾說他對桑德斯基在一九九八年受到的調查一無所悉，檢察官也認為佩特諾已將此事上報主管柯利，因此也符合法律上的要求。

柯利與麥奎利和佩特諾一樣，也沒報警，儘管據說他對一九九八年的調查知情。不管是柯利或其他員工，也都沒人去問學校的首席法律顧問；要是有人去問的話，這位顧問就有報警的義務。一直到麥奎利告知佩特諾的一個半星期以後，柯利和副校長舒茲（Gary Schultz）才約見麥奎利。後來麥奎利向大陪審團表示，他跟柯利和舒茲說，他目睹桑德斯基性侵一名小男童。柯利將麥奎利的報告轉知賓州大校長史班尼爾（Graham B. Spanier），以及舉辦球隊慈善活動的「第二哩」（the Second Mile）基金會執行長雷可維茲（Jack Raykovitz），說桑德斯基就是利用他們的活動來尋找受害者。又過了兩星期，柯利和舒茲才通知麥奎利，說校方已向桑德斯基索回更衣室鑰匙，並且禁止他再帶男童進入賓州大的球隊設施。

但雷可維茲跟麥奎利、佩特諾和柯利一樣，也都沒有報警，校長史班尼爾也是，他甚至也沒向賓州公共福利部提交報告，照理說這種涉及兒童性侵的事情，學校校長或其他機構主管都必須依法上報。史班尼爾儘管批准柯利和舒茲的提議，禁止桑德斯基再帶兒童進入球隊設施，但他後來宣稱不曉得桑德斯基的不檢行為是性侵害。

就在這樣的層層掩飾下，經過了六年。二〇〇八年十一月，桑德斯基對「第二哩」基金會說，有個男孩對他做出不實指控，害他受到調查。這個慈善基金會在網站上寫道：「我們立刻決定，不再讓他參與任何跟兒童有關的活動。」

二〇一一年桑德斯基遭到逮捕，但隨即交保獲釋。柯利和舒茲被指控在大陪審團面前做出偽證，沒向當局告發桑德斯基的罪行。他們都辭去賓州大的職務，而雷可維茲也辭去「第二哩」基金會執行長一職。校長史班尼爾後來因偽證、妨礙司法和危害兒童福利等罪嫌受到起訴。

該年十一月九日，佩特諾宣布將在賽季結束後退休，但當天稍晚賓州大信託基金董事會隨即宣布開除佩特諾和史班尼爾，而且是立即生效。聽到一向備受敬愛的總教頭竟然慘遭開除，賓州大一片譁然，群情激憤，有些學生一度占領街道，引發騷亂。

在桑德斯基被捕後幾個星期，又有將近十名疑似被害者出面向當局指控。「儘管目擊者已經說得十分詳細，大學高層主管仍然不對桑德斯基性侵報告採取行動，致使掠奪者自由行走多年，造成受害人不斷增加。」賓州總檢察長凱莉（Linda Kelly）在聲明中說道：「同樣令人不安的是，有些官員既不採取行動也不關心此事，而其他知情者對此艱難問題也是避而不提，裝作沒看見。」

「我從沒碰過這種目擊性侵卻不報案的例子。」賓州警政署長努南（Frank Noonan）在記者會中說道。「我以前從沒看過這樣的事情。」他繼續說道：「我覺得你們都應該負起道義責任。不管你是足球隊的教練、大學校長，或者只是掃地的工友，都應該報警。」[2]

賓州大有兩名員工說自己目睹桑德斯基性侵男童，卻自行逃避而不是挺身制止。而後續知情者至少有六人，也都沒向警方舉報。這八名賓州大員工對於兒童福祉視若無睹，只以保障自己的工作或學校聲譽為重，或者兩者兼而有之，卻無視於桑德斯基可能侵害更多受害者。也許他們只是不曉得應該怎麼處置，以為向上級傳遞訊息就已經盡了義務。

雖然有些員工向上級報告性侵案，就算是履行法律義務，但從更深的道義標準來看還是應該受到譴責。為什麼有這麼多大人不願保護孩子？在那樣一所當局無動於衷、麻木不仁的大學中受到侵害，桑德斯基案的受害人豈非更加不幸嗎？

賓州大高層被告知性侵案以後，只想到醜聞敗露不僅危及桑德斯基個人聲譽，連佩特諾、球隊形象和整所學校也都會因此蒙羞。這支球隊以培養正直的學者型運動員為榮，哪容得下球隊教練竟是孌童癖兼性侵犯。因此當桑達斯基受到指控時，學校高層即有強烈動機視而不見。讓他們鬼遮眼般地看不見眼前所發生的事情，正是因為「動機」。

在賓州大這件事情中，有些人毫無疑問是基於自己工作上的考量，做出不符道德的決策，這才是真正可怕的地方。擴大而言，這之中有許多人在獲知資訊、傳遞資訊的同時，卻不深入追問，出於對學校的忠誠而蒙蔽自我，怯於追探真正存在的事實。於是忠誠蒙蔽他們的認知，也阻卻了對應行動。

多位校方主管遲遲不採取行動，放任桑德斯基繼續性侵兒童多年，實在令人難以置信。但要是跟天主教會包庇、掩護性侵（包括強姦兒童）等案件的情況比起來，簡直是小巫見大巫。首先，我們來看波士頓教區樞機主教羅伯納（Bernard F. Law）對於轄區內多次有孩童受到性侵，卻未採取行動的驚人案例。羅伯納在法庭文件中承認，他知道有人指控神父喬恩（John J. Geoghan）猥褻男童（現已被判有罪），卻又讓喬恩回到教區工作。羅伯納也承認，他知道福萊（James Foley）後來犯戒生了兩個孩子，但還是讓他在教會擔任神父。羅伯納在他的教區裡，包庇了許多罪犯和違犯戒律的人。[3]

讓問題更加複雜的是，羅伯納過去可是積極的民權運動分子，一生都樂於幫助他人。然而從所有證據來看，這位原本非常有道德勇氣的人，在職務上卻做出諸多不符合道德、甚至違反法律的決策。如果他是學校校長，很可能要在監獄度過漫長時間。到底是什麼原因導致他出現那些行為？現在回頭來看，羅伯納宣稱，在考慮天主教會是否留用那些人時，他據以做出決策的是一些過時的醫療和心理諮商意見，認為性侵者有能力改變行為。此外，因為羅伯納對於天主教會十分忠誠，格外希望喬恩那些人會有良好表現。因此，讓他看不見自己決策的後果，實際上造成更多違犯清規和強暴案發生。[4]

二〇〇二年，就在麻州檢方準備傳喚羅伯納出席大陪審團之前幾個小時，當時的樞機主教、後來繼任教皇本篤十六世的拉辛格（Joseph Ratzinger）安排羅伯納到梵蒂岡擔任更高職務，讓他得以逃脫美國司法當局的掌握。不久之後，拉辛格更發函要求所有主教，在知悉此類性騷擾或性侵事件時，要直接向他報告而非逕行報警。這項要求在許多地方明顯違反舉報義務的法律規定。[5]

羅伯納大主教的情況在天主教會中並非唯一。根據二〇〇四年美國天主教主教會議委託的調查報告指出，美國光是二〇〇二年就有一萬零六百六十七人出面指控神父涉及性侵，排除控告不實或撤回告訴後，總共有四千三百九十二位美國神父遭到控告。[6]

對天主教會來說，這些犯罪的財務成本非常高，截至二〇〇二年，教會在合解賠償和法律費用方面已經花了不只十億美元。二〇〇三年，波士頓大主教區的民事合解案高達五百多件，金額約八千五百萬美元。洛杉磯大主教區在二〇〇七年也發生了一連串高額賠償，總金額約為六億六千萬美元。許多大主教區都宣告破產，天主教會不但面臨高額和解金及法律支出增加，同時也持續喪失教徒的信賴和捐獻。

管理不良的狀況一直延續至今。天主教會不但不去面對這個階級結構帶來的問題，反而只想貶低這些問題的嚴重性。教會高層宣稱涉及醜聞的神父不到一%，但他們自己委託的研究調查卻預估超過四%。[7] 而對於一些傳播媒體上的負面報導，教會又是如何處置呢？他們說這是傳媒對天主教有偏見，不能秉公報導。

從地位最高的教皇以降，天主教會內部這種不符道德要求的事情怎麼會這麼多呢？我認為教會這種作為理當受到譴責，而研究也指出，羅伯納大主教因為跟組織的關係緊密，他對教會越是忠誠，越想要保護教會，他的強烈動機實際上蒙蔽了自我，不知道自己的作為帶來嚴重後果。同樣還有許多教會領袖也等同於暗自鼓勵這種不道德行為繼續下去。這種說法當然不能為教父辯護，而是揭露出某種心理狀態，才會造成幾十年內屢屢發生令人難以置信的敗德事件。

賓州大和天主教會的例子之所以廣受矚目，實在是因為太離譜了。但這對大家來說也是個警訊，我們所有的人，不管是為了工作或為了家庭，都可能自願或覺得必須接受這樣的鬼遮眼。我雖然不知道各位讀者若置身於佩特諾教頭或大主教的位置會做何反應，但根據行為倫理學的研究指出，當我們在自身利益考量下，不管你自以為多麼道德高超，都很難保證能夠不帶偏見地處理那些狀況。我們都會優先考慮到自己的小孩和配偶，也都不願正面挑戰那些在工作上或公司裡的有力人士。

如果我們具備動機對某些人的所作所為視而不見，我們就不太可能看到那些人的敗德行為。「**動機盲點**」這個專業術語就是描述這種結構性質上的失敗，在不符合自身利益的考量下，忽略他人的不道德行為。簡單說，如果你必須正面看待某人，有這個動機存在，那麼你就很難準確評估那個人的行為是否符合道德標準。[8] 在很多情況下，你眼前所見並非全部，是因為你有很好的理由視而不見。

本章要介紹的核心概念其實不新。早在一九五四年，心理學家哈斯托夫（Albert H. Hastorf）和康崔爾（Hadley Cantril）即針對普林斯頓（Princeton）大學和達特茅斯（Dartmouth）大學的球迷做研究，發表著名的研究論文。他們讓球迷收看兩校球隊一場激烈惡鬥的短片，在那次比賽中雙方球隊都有多人受傷。但是研究人員卻發現，兩校學生雖然看的是同一支短片，卻「看到一場完全不同的比賽」。球迷都認為敵隊球員賤招百出，但己方球員的犯規則不太嚴重。

二〇〇七年有個比較新的例子，被視為史上最偉大球隊之一的新英格蘭愛國者隊（New England Patriots），在跟弱隊紐約噴射隊（New York Jets）比賽時，愛國者隊眾所矚目的總教練貝里奇（Bill Belichick）涉嫌公然作弊。貝里奇在比賽進行時要求一位助理去拍攝噴射隊的防禦信號，這是明顯地犯規，而且貝里奇也一定知道這麼做犯規。[9]足球聯盟罰了貝里奇五十萬美元，愛國者隊也被罰二十五萬美元，同時選秀名單中也剔除一位很有價值的球員。最有趣的是，我就住在愛國者隊的家鄉，所以看到有那麼多球迷，甚至是我平時認為極具道德感的人也都出來為貝里奇辯護，讓我驚訝不已。最常見的辯解是說大家也都這樣，不足為奇，但沒有證據顯示真是如此。這種說法，在第二次世界大戰之後，許多服從希特勒命令的士兵也都這麼說。

動機盲點對大多數人都會有影響，連那些能力很強、很厲害的人也不例外，包括董事會成員、審計事務所、債信評等機構也都可能看到某些資料，從道德角度來說應該要採取行動，實際上卻沒有。馬多夫（Bernard Madoff）的許多基金投資人就是被動機所蒙蔽，我後續幾章會討論到的許多人也是如此，天主教會中很多人也都有動機盲點，我也不例外。

我也沒有站出來說話

我自認為很有道德責任感，該站出來說話時，絕對會挺身而出。有些朋友和同事甚至認為我太多事，不必說那麼多話。要是這幾年來我說的話特別多，部分原因可能是二〇〇五年一次令自己失望的經驗所引起。

二〇〇五年春天，大概是我這輩子最忙碌的時刻，當時我母親的健康情況很不好，算是已經走到人生盡頭，而我唯一的同胞手足——妹妹，也正在跟乳癌搏鬥。此外，我當時的研究、教學和諮詢工作也特別艱鉅和費時。正當我公私兩方都疲於應付之際，突然接到美國司法部要求協助起訴菸草業者，這件案子堪稱美國史上規模最大的民事訴訟。就我的理解，美國司法部認為菸草業者過去幾十年來聯手對大眾隱瞞事實，因此準備提起詐欺告訴。

當時我太太瑪拉不喜歡我接太多工作，也不希望我有太多差旅，可是這件案子非常重要。所以，我跟瑪拉好好討論一下，看看這項工作能不能排進行程。雖然她對我的繁忙行程感到擔憂，但也鼓勵我接下政府控告大菸草商的案子。而且我們也說定，我接下案子後，她不許抱怨我太忙，到時我會把這樁訴訟案的酬勞捐給瑪拉主持的慈善活動當作經費。

我從二〇〇五年三月十日開始參與這件案子。司法部的法律團隊是由優班克斯（Sharon Eubanks）帶領，她是非常厲害的出庭律師，過去代表司法部出戰二十二次，大獲全勝。他們找我擔任「救濟證人」，我以為他們是想徵詢我，如果司法部打贏官司，怎樣的救濟比較合適。我寫的到庭證詞，主要也是假設菸草業會在這樁涉及詐欺的集體訴訟中被判有罪。我在二〇〇五年四月二十七日提交法庭的證詞中寫道：「如果沒有法庭的重要干預，被告的不當行為必將持續，被告的管理者及主管的動機和系統性偏誤也不會有所改變。」總之，必須清除菸草業行為核心的動機盲點，政府才能加以矯正。我懇請法庭考慮對菸草業施以結構性改變，內容包括：

- 消除菸草業者販售香菸給年輕人的經濟誘因。
- 修改菸草公司經理及主管的薪酬制度，以鼓勵他們的作為合乎法律要求。
- 所有關於菸草影響的研究，都必須在法庭監督之下，委託獨立業者來進行。
- 解除相關業者目前高層管理及主管的職務。

我特別提出建議：「由法庭指派具備權責的監督者，運用必要的外部專家，全面審查被告各個方面的業務狀況，針對結構性改變提出專門而具體的建議……這樣即可處理我認為可能繼續造成不當行為的動機和偏誤。」我說法院如果認定被告要對非法行為負起法律責任，假如「當前管理團隊現在和未來都不離開產生不當行為的環境」，那麼「主事者就很不可能做出必要的改變，防止未來再發生詐欺情事」。所有跡象都顯示，我在菸草界高層應該很不受歡迎吧。

我原本排定五月四日上法庭口頭作證，而就在四月三十日正準備證詞時，司法部法律團隊有一位律師過來找我，提出一個不太尋常的請求。他要我修改自己的到庭證詞，指出其中某些建議並不符合目前的法律條件，包括解除菸草業者現行高層主管職務等。

我記得當時我自認沒資格評估這樣的修改，因為其中的法律結論根本不在我的專業範圍之內。但我的直覺是，如此修改將嚴重減弱我的證詞，當時要是更認真去理解那項要求，我大概就會反對修改。此外，修改證詞的要求並不是來自原本要我作證的人，也不是司法部法律團隊的任何一名核心人士。壓力是來自司法部的第二號人物，小布希總統任命的助理檢察總長麥卡勒姆二世（Robert D. McCallum Jr.）。麥卡勒姆原本是亞特蘭大律師事務所亞斯東及博德（Alston & Bird）的合夥人，那家事務所過去正是代表大菸草商RJ雷諾斯菸草公司（R. J. Reynolds Tobacco Company），而這家公司當時就是被告之一。

我問司法部那位律師，為什麼我要降低自己證詞的效力。他說要是我不願意大幅修改，麥卡勒姆威脅把我換掉，不讓我去法庭作證。但當時我已花了兩百多個小時準備報告和證詞，這些可都是納稅人的民脂民膏啊。於是我還是拒絕做出修改。經過幾天的不確定之後，我仍然獲准在二〇〇五年五月四日到庭作證。[10]到現在我還是不曉得為什麼最後又允許我繼續參與這樁訟案。

我雖然沒有改變自己的證詞，但我還是常常想到，我當時怎麼沒有立即對外宣布自己遭受不當施壓、被要求修改證詞。我記得當時司法部法律團隊中有幾名我可以信任的律師，很擔心媒體太過注意幕後狀況，很可能造成整樁訟案失焦，對於正在進行的訴訟沒有幫助。我記得當時覺得壓力好大，也搞得我精疲力竭。我也記得那時候我對於其中涉及貪汙腐敗的判斷也不是很肯定。此外，由於這件訴訟的政治因素，控管作證的那位律師也不可能給我有用的建議。然而直到今天我仍然對此耿耿於懷，為什麼我沒有慎重考慮公開爆料指控貪汙，揭露聯邦官員企圖篡改、削弱證人效力一事。

到了二〇〇五年六月審判快結束時，美國司法部的決策突然出現大轉彎，對於救濟請求（等於針對菸草業者的罰款）竟從原來的一千三百億美元降低為一百億美元，實在讓大家很傻眼。後來狀況清楚了，之所以會有這樣的轉變，就是麥卡勒姆在背後搞鬼，無視於首席律師優班克斯的建議和過去勝訴的經驗。

最後美國司法部雖然打贏官司，救濟金額卻是不痛不癢。小布希總統任命的那些官員，利用這件案子把優班克斯修理得很慘，最後還被迫提早退休。最重要的是，整個社會錯失減少吸菸致死人數的大好良機。

這件案子結束後不久的二〇〇五年六月十七日，我正在倫敦為某企業客戶提供諮詢服務。那天早上我很早就起床，在電腦上讀到《紐約時報》的報導，說在那件官司期間，麥卡勒姆也企圖削弱「青少年不吸菸」組織（Campaign for Tobacco-Free Kids）董事長麥爾斯（Matt Myers）的證詞效力。我認為我幾個星期前沒有公開自己被施壓，顯然做錯了。如今我對那件事情的發展既感到震驚，也不知道接下來該怎麼辦，而且我下個星期還會待在倫敦。所以儘管波士頓時間還是半夜，我打了電話回家找瑪拉。當時她正從事消費者權益運動，對於華府的運作方式也比我清楚。我跟她說明這件事，然後約定完成當天工作後我再打電話給她，她會告訴我接著要怎麼辦。

到了倫敦時間下午五點，波士頓中午時，瑪拉告訴我說有個叫「政府責任計畫」的組織，專門協助祕密舉發[11]，該組織的負責人克拉克（Louis Clark）可以擔任我的代表律師。瑪拉說克拉克正在等我的電話，等我把事情告訴他，《華盛頓郵報》有位記者會負責報導這件事。打完那幾通電話後，這件事終於在報紙上詳細披露，就是我前面交待的那些來龍去脈。[12]

後來美國司法部對麥卡勒姆是否涉及不法進行內部調查，最後是查無實據。但我還是認定，小布希政府底下的腐敗司法部，因為政治原因而蓄意破壞自己的訴訟案。如今我看到年輕人吸菸，就會想起菸草業者刻意欺騙民眾，隱瞞香菸造成上癮和致命的本質，而麥卡勒姆、岡薩雷斯（Gonzales）和小布希利用那些方法暗助菸草業者，使得上癮人數又增加許多。我也一直提醒自己，在二〇〇五年四月三十日小布希任命的官員企圖破壞我作證，但我卻沒有迅速採取行動。要說自己在那樁案件中特別重要，也是太過自大而不切實際，但我自認有責任採取行動。就在我開始構思這本書的時候，也不斷自省，當初為什麼拖了七個星期，直到看見另一個消息來源（我讀的那則《紐約時報》報導）才採取行動呢？

知道並不是只有自己沒採取行動，並不會帶來多少安慰。像這樣對敗德行為視而不見的事情到處都有，這也只是例證之一而已。佩特諾和羅伯納大主教的行為也許應該受到譴責，但像這樣不採取行動的作為，就人類而言可說十分常見。回顧一九六四年的著名慘案，有三十八名鄰居聽到吉諾維斯（Kitty Genovese）慘遭姦殺，卻沒人報警，更沒人挺身出來制止，這種對於可怕事情毫無行動的情況時有所聞。吉諾維斯姦殺案，以及同樣因為毫無作為而造成的賓州大、天主教會性侵案，儘管大家都把它們視作特別駭人聽聞的罪行，但我們都忽略了一個事實，就是我們平常看到、聽見許多雖然不違法但很不道德的行為或言談，往往不會採取行動。我們會利用忠誠或信仰來合理化自己的毫無作為，說那些行為並不是那麼糟糕邪惡，說現在才行動為時已晚、毫無助益，說自己已經通知別人就算是盡到責任了。然而**這種對於敗德行為的不關注，正是人類難以自我提升的重大限制**。

動機盲點不是不可避免，實際上是可以克服的。有無數的告密舉發者都可以作為代表。只要能夠克服動機盲點，決策和之後領導統御的效益也都會因此提升。但我們該怎麼做呢？

首先，要學會更充分、更廣泛地注意到周遭事實；

其次，根據所看到的事實做出決策，並在適當時機採取行動；

第三，當領導者不對敗德行為採取行動，我們要創造出明確後果讓他知道；

第四，領導者要在組織各處提供誘因，讓決策者樂意站出來說話。

| 第三章 |

當領導者不注意時

二〇〇五年摩根大通（JPMorgan Chase）那位舉足輕重又成就非凡的執行長戴蒙（Jamie Dimon），聘請德魯（Ina Drew）擔任投資長，由她控管整家銀行的風險暴露。然而金融危機之後，公司股東期盼業績早日提升，德魯從二〇一一年開始大膽冒進，不遵守公司原本限定投資虧損超過兩千萬美元即應拋售停損的規定。戴蒙眼見大額利潤源源而來，也越來越不注意投資長的作為，更沒注意到那條規則的改變。德魯帶來的投資報酬極為亮眼，戴蒙也鼓勵她承擔更大風險來追逐更高利潤。二〇一一年二月，戴蒙對摩根大通三百位高級主管說，雖然時局艱險，但勇敢面對、大膽前進，正是銀行領導階層的職責所在。他特別讚揚德魯：「她非常大膽勇敢！」[1]戴蒙是一位繁忙的領導者，只看到利潤卻不注意監管，他看到德魯的優勢和能力，卻忽略了德魯和銀行的弱點。

二〇一二年四月四日，問題來了。戴蒙在《華爾街日報》看到一則報導，說摩根大通的倫敦交易員伊克希爾（Bruno Iksil）正大筆投注，讓銀行暴露於嚴重風險下。四月八日，德魯向戴蒙和摩根大通營運委員會保證，那些大額交易都會成功，而且管理上都沒有問題。她說《華爾街日報》的報導「誇大其詞」。[2]戴蒙接受她的說法，並公開對外表示那些交易「完全就是茶壺裡的風暴」，意指傳媒小題大作。[3]

但是，伊克希爾的交易最後釀成巨額虧損，據《華爾街日報》指出，戴蒙在公司內坦承自己「沒有察覺到那個團隊的暴險部位」。[4]四月三十日，戴蒙終於要求德魯報告具體的交易部位。他看了之後才知道問題很大，如果他早點知道伊克希爾在做什麼，這個問題無疑也能早日發現。五月的第二個星期，《華爾街日報》報導表示，戴蒙公開承認：「我上次跟市場說是茶壺裡的風暴，真是大錯特錯。」[5]戴蒙在五月十日召開記者會，正式公布虧損金額，也隨即要求並接受德魯的辭職。

這場災難是怎麼發生的呢？首先，伊克希爾隸屬倫敦的交易部門，這個駐外投資部門應該向紐約總公司的德魯報告，但雙方關係並不好。倫敦投資部伊克希爾等人都是所謂的「計量派」（quants），運用複雜的定量分析做投資決策。伊克希爾的工作就是根據計量分析研判市場未來動向，運用複雜的衍生工具做投注。我們不知道德魯是否充分了解計量派的投資方法，更不知道戴蒙是否真能掌握德魯對倫敦投資部門的控管狀況。德魯向伊克希爾的上司詢問他的投資部位，常常得到曖昧不清且不完整的答案。倫敦投資部迴避質疑，而她也沒有強力要求更明確的答案，所以她根本不清楚整家公司的風險部位到底有多大。

德魯當然知道戴蒙曾經公開讚揚她的勇氣，遺憾的是，戴蒙推崇的勇氣和魯莽輕率之間的那條界線，可能太過模糊了。所有跡象都顯示，不管是德魯或戴蒙，他們都不知道伊克希爾的風險部位有多大，因為根本找不到誘因會讓他們兩人充分掌握風險狀況。

戴蒙在美國參議院銀行委員會中說：「後來的變化也讓我難以認同。」[6]據說他私底下也對妻子坦承「有些事情錯得很離譜」。後來他接受《華爾街日報》採訪，說得比較巧妙：

「這個重大教訓讓我明白，儘管過去的紀錄很成功，也不要自滿。」[7] 我們可以把戴蒙受到的教訓提煉得更精確：**成功領導的定義即在於警戒惕勵**。摩根大通疏於警戒，代價十分驚人。截至二〇一三年九月止，那些交易預估總共虧損六十二億美元；伊克希爾和檢方合作，他的上司和一位部屬也都遭到起訴；財務廳、英國金融監理總署、美國聯儲會和美國證券交易委員會總共裁罰九億二千萬美元。摩根大通的商譽傷痕累累，而且事情至此還沒結束。摩根大通的管理高層也受指控，對董事會所屬審計委員會隱瞞虧損。[8]

領導者往往疏於覺察，也許是被其他事情吸引而分心，也許是受到一些導致不去覺察的誘因影響，或者受到周遭他人的蒙蔽。這一章要談的，就是**領導者如何克服這些覺察上的威脅**。

摩根大通要是知道自己不是唯一個案，大概也不會感到欣慰吧。二〇〇八年時，法國興業銀行也是到最後才發現自家的交易員做假帳，造成七十億美元以上的巨額虧損。在這兩個例子中，高層主管所犯的決策錯誤，並不是行為決策研究、行為經濟學或行為金融學領域中常常談到的那些，不是行為科學、行為經濟學文獻中談到的「框架」（framing）或「定錨」（anchoring）等決策偏誤。他們所犯的錯誤完全是因為欠缺必要的警惕，才會沒注意到員工行為已經逾越銀行的容忍範圍。他們未能實施適當的監管制度，沒能問對問題，忽略有效領導的重要面向：信賴部屬就必須掌握一些必要狀況，而他們對此頗有疏漏。這些錯誤之所以發生，就是因為在「覺察」上的徹底失敗，未能注意到那些不在眼前卻極為相關的資訊。整件事情就是從疏於監管開始的，當員工的冒險行為逾越銀行忍受範圍卻未能察覺，不能問對問題，也就無法發現必要的重要資訊。

組織中要是發生嚴重狀況，領導者必須能夠注意到，這本來就是他的職責所在。以下我們來看看職業運動中濫用類固醇的例子。不管哪一種職業運動，只要沾上濫用禁藥，幾乎都會造成名譽受損，頂多只是程度不一。美國職棒大聯盟就是活生生的例子，直到一九九〇年代末之前，職棒球員使用類固醇的傳言時有所聞。邦茲（Barry Bonds）、索沙（Sammy Sosa）、克萊門斯（Roger Clemens）和羅格里茲（Alex Rodriguez）都是受到類固醇牽連的著名球星。球員濫用類固醇的情況更在一九九八至二〇〇一年間達到高峰，之後還持續好幾年，許多球員因此遭到起訴。邦茲的案子很出名，他是美國職棒史上最偉大的打者之一，也是職棒全能明星的第二代，因為涉及濫用類固醇而上法庭，被問到教練是否曾經幫他進行皮下注射時，邦茲回答：

> 我只讓一位醫生碰我，那是我唯一的私人醫生。克雷格（Greg），就像我說的，我們不涉入對方的個人生活。我們是朋友，但我不……我們不會坐下來談棒球，因為他知道我不想談那個……不會來我家談棒球。你要到我家談釣魚或其他什麼事，那我們會是很好的朋友，要是你

過來談棒球，那就免啦。我也不談他的工作啊。你知道我在說什麼，是吧？就因為那樣所以我們才是朋友。你知道的，我很抱歉，可是啊，你知道的，我是名人的孩子，不只是我對棒球的直覺。我是名人的孩子，有個出名的爸爸。因為我爸爸的情況，所以我不涉入別人的事情。[9]

結果這些胡言亂語，讓邦茲又吃上妨礙司法的罪名。

很多記者咒罵像邦茲這樣的運動員，少數人則為他們叫屈。但那些創造出環境誘因，讓球員以為使用類固醇是合理行為的領導者呢？為類固醇濫用創出誘因的領導者，從來沒受過刑事指控，但他們都應該負起相關責任。當球員擊出一支又一支的全壘打時，這些領導者都獲得了好處，卻沒人注意到一些顯而易見的事情。施打類固醇的球員，在身材外形上會產生明顯變化。我們還可以看看一些更詳細的證據，從一九九一到一九九四年（類固醇出現之前），美國職棒大聯盟的全壘打王平均每季擊出四十四支全壘打。[10]相較之下，在類固醇盛行的那幾年，大聯盟中單季全壘打數達到四十四支的球員人數：一九九八年有十位、一九九九年八位、二〇〇〇年六位、二〇〇一年九位。[11]對體育記者和球迷來說，這些基本資料就夠清楚了吧，但是球隊老闆和大聯盟理事長塞利格（Bud Selig）卻都沒注意到。這種動機盲點正代表著領導統御的失敗。

領導統御必定要負起責任，其中一個關鍵責任，就是要能注意到一些散落周邊的證據。

發現異常趨勢，必定仔細追探，直到找出明確答案為止。康納曼便指出，我們的行動常常只是根據「眼前所見即全部」。但領導者的職責就是要去確定哪些資訊是必要的、如何找到這些資訊，不能光憑眼前所見就採取行動。

董事會負有監督職責

企業董事會的獨特責任，凸顯出領導統御必須覺察警訊的迫切性。就股票上市公司而言，董事會是公司治理的最終權責單位。然而有許多組織的董事會，不管是營利事業或非營利組織，它們甚至連近在眼前的事實都沒看到，遑論是管理高層刻意隱瞞的資訊。

鄧肯（David B. Duncan）是安達信會計事務所（Arthur Andersen）的負責人，負責美國能源業者安隆公司的審計工作，這兩家公司在二〇〇一年同時崩潰破產，鄧肯難辭其咎。但他早在一九九九年就向安隆公司董事會底下的審計委員會通報，說安隆的會計作業已經「逼到極限」，到了會計實務可接受範圍的「邊緣」。[12] 在這段期間，曾擔任史丹佛大學商學院院長、本身就是會計學教授的傑戴克（Robert K. Jaedicke）也是安隆公司的董事，並且身兼審計委員會的主席。但是根據美國參議院常設調查小組委員會的資料指出，當時不管是傑戴克或委員會其他成員，都沒人要求鄧肯提供更多安隆公司的審計資料。

在一九九九年至二〇〇一年間，安隆的審計委員會每年召開一、兩次會議，接收公司審計方面的更新資料。儘管傑戴克學有專精，並且長期擔任審計委員會主席，除了在董事會的正式會議上，他和安達信會計師很少進行接觸，跟企業治理專家的建議背道而馳。後來安隆公司作假帳的事情曝光，導致公司破產，且有多位高層主管吃上官司，美國參議院委員會便下結論說，該公司有多位董事應該能夠阻止企業內部諸多詐欺行為，但他們卻都沒有向鄧肯或其他審計人員詢問一些簡單的問題。比方說，之前公司內部就有人告密，董事會在二〇〇一年也知道這件事，卻沒人追問告密者的姓名（後來證實是華金絲〔Sherron S. Watkins〕），也沒有人要求提供告密信的副本。

「因為對公司管理高層的惡行未能提供足夠的監督和約束，董事會對於安隆倒閉也負有部分責任。」美國參議院委員會在報告中如此結論。安隆外部董事（即不屬於安隆員工的董事成員）的代表律師伊格斯東（W. Neil Eggleston），認為這份報告立論不公，堅稱：「董事會一直遭受（安隆）管理高層的欺騙和誤導。」安隆的高層主管的確很可能欺騙董事會，但這樣的解釋並不足以脫罪。難道董事會沒有責任去追問鄧肯的警告和華金絲的告密信嗎？領導統御要求我們切實質疑一些不尋常的模式，而且一定要去找出那些必要的資訊，才能做出正確結論。

假如董事會不光只會沽名釣譽，斤斤計較薪酬，而淪為橡皮圖章，那麼答案就很明顯了。記者拜恩（Robert Byrne）指出：「股東有權期待董事成員更加積極主動。這些董事向安隆拿到現金、認股權和虛擬股票，每年高達三十五萬美元。股東應該得到董事會的保證，要把投資人的權益置於公司高層主管之上。而且股東也應該可以期待，當外部專家出面警告公司有崩潰的危險，董事會應該就此追根究柢。但安隆的董事卻忽略了警訊，只曉得從管理高層搜刮財富。」拜恩認為安隆董事會「魯莽輕忽」，對於公司倒閉造成投資人莫大損失，「至少應該負起部分責任和個人的法律責任」。

安隆董事會在國會山莊辯稱「沒看到、沒聽到邪惡的事情」，此等怠忽職守讓人完全不能接受，更是現實世界中領導統御墮落敗壞的實例。不幸的是，像這樣消極而被動、疏於企業監管的董事會卻很常見。我認識一位非營利組織的執行長，就曾經自傲地表示，董事會還得聽她的，而不是她為董事會工作。如果真是如此，不僅就法律上來說是不對的，而且這個董事會根本就沒有肩負起它被託付的職責。

更重要的是，這樣的董事會成員把握不住法定義務的核心，就不會注意那些重要的相關資訊，也就不可能對組織施以監管。儘管董事會成員具備專業專才、受過高等教育且經驗豐富，卻常常疏忽職責所在。董事會成員往往欠缺體認，應該是組織的執行長要向他們報告，而不是讓執行長牽著鼻子走，不管是財務上或道德上，董事會都有義務監督管理組織的活動。董事會成員（包括董事和顧問委員）通常是由組織的董事長或執行長親自延攬，而董事會也常常不定期召開，由執行長主持，由他決定提供哪些資訊。很多董事會成員未能切實履行領導統御的職責，疏於關注和採取行動，有部分原因是結構使然。董事會過於制度化的行為常常造成盲點，也因此看不到重要資訊。

一九八七年創立的印度薩蒂揚資訊服務公司（Satyam）非常成功，透過它提供資訊科技解決方案的客戶，名列全球五百大企業者高達三五％以上。在它最意氣風發之際，薩蒂揚公司擁有將近五萬名員工，營運單位遍及全球六十七國。當全球股市在二〇〇八年屢傳崩盤的時候，印度股市也從最高的二萬一千點以上重挫至八千點，但薩蒂揚的股票在那一年大部分時間內仍然表現亮眼。[13]

不料在二〇〇八年十月出現了第一個衰敗徵兆，世界銀行（World Bank）宣布解除薩蒂揚的業務合作，而且表示八年內禁止再聘用該公司。世銀宣稱薩蒂揚在它們的電腦上安裝間諜系統，還竊取一些資產。同年十月，在薩蒂揚和股票分析師一場公開電話會議上，一名分析師談到，薩蒂揚業主把大筆現金留存在沒有利息的帳戶中，引發外界關注。但薩蒂揚的業主對此毫無解釋。為什麼業主允許大筆現金傻傻地放在銀行裡頭，甚至沒有利息呢？更奇怪的是，這件事情被公開質疑後，公司卻又不做任何解釋和說明。

薩蒂揚的第三個問題徵兆在二〇〇八年十二月出現。當時該公司董事會成員一致批准併購美塔斯地產（Maytas Properties）和美塔斯基礎設施（Maytas Infrastructure）兩家公司，但這兩家企業都跟薩蒂揚的核心業務無關。董事會全體一致支持這樁交易，惹火了投資人。後來才曉得，薩蒂揚的執行長若朱（B. Ramalinga Raju）的家族持有大量美塔斯地產和美塔斯基礎設施的股票，持有比重甚至比薩蒂揚原先持有的還高。有些人就懷疑，這兩筆交易形同五鬼搬運，把薩蒂揚的資產淘空，搬進若朱家族的口袋。由於投資大眾群情激憤，業主被迫喊停。第四個徵兆是執行長若朱持有的薩蒂揚股權，在二〇〇五至〇六年間仍高達一五．六七%，但到了二〇〇九年突然只剩下二．三%。[14] 然而薩蒂揚公司的董事會直到這時，似乎都還沒注意到公司要出大事了。

在美塔斯併購案之後不久，分析師開始建議賣出薩蒂揚股票，股價隨即下跌近一〇%，該公司五位獨立董事中有四人請辭。二〇〇八年十二月三十日，佛雷斯特研究公司（Forrester Research）分析師建議客戶不要跟薩蒂揚做資訊科技的生意，因為該公司造假的疑慮越來越深。薩蒂揚找上美林公司（Merrill Lynch）提供建議，想要挽救兵敗如山倒般的股價。但是八天後美林公司通知證券交易所，它們要退出這項計畫，因為它發現該公司在會計方面有重大違法情事。

二〇〇九年一月七日，若朱對董事會坦承操縱公司帳目多年，表示薩蒂揚的資產負債表上虛報資產達十四．七億美元。事實上，這家公司幾乎每一季都虛報營收，而且已經持續好幾年。若朱坦承，剛開始虛報幅度還算小，但幾年下來越來越嚴重，他說：「這就像是騎在老虎背上，不知道該怎麼下來才不會被吃掉。」

薩蒂揚做假帳，若朱個人當然要負起主要責任，但該公司的審計人員和董事會竟然沒看到這些明顯的犯罪跡象，也應該負起部分責任，而這些人的確因為疏於監管，遭到投資人控告。全球四大會計師事務所之一的資誠（PricewaterhouseCoopers, PWC），從二〇〇〇年六月就開始為薩蒂揚承辦審計工作，一直到東窗事發，總共歷時九年。更有趣的是，薩蒂揚支付給資誠的審計費用，是業界行情的兩倍。[15]要是全球四大會計師事務所的一等好手，九年來都沒發現這麼離譜的假帳，而美林公司善盡職責不到十天就察覺事有蹊蹺，那麼企業審計制度實在應該徹底檢討是否確實。下一章我們就會討論審計作業欠缺關注的失敗情況，不過我們現在先看看薩蒂揚的董事會何以遲遲沒發現假帳，這也一樣是個重要問題。

安隆和薩蒂揚的情況是離譜了一點，但董事會職責所面臨的測試大都顯得曖昧模糊。我自己也曾擔任過幾個非營利組織的董事，也曾碰過那種難以察覺錯誤行為的約束和灰色地帶。這裡就以我的親身經驗為例，讓各位明白覺察警訊時的機會和風險。過去曾有某個非營利組織的總裁兼創辦人，請我加入他的董事會。那位總裁是個好人，也真心想讓世界變得更美好。他做得很不錯，對於他的組織對世界的影響相當樂觀。但是這份樂觀讓他對組織的財務傾向於誇大，認為就外界觀感來說，會讓組織顯得更健全、更強大。可是從我的角度來看，這種方式等同技術性地造假。於是我就在董事會議上開砲，說總裁的某些作為讓人難以接受。該組織雖然撤回某些聲明作為回應，但求好心切下，還是用一些啟人疑竇的方式來處理。到最後，我對正在發生的事情感到再也不能忍受，於是毅然退出董事會，在這個過程中也失去了一個朋友。

這件往事對我來說不太愉快，但最後的決定讓我心安理得。要是當時只是期待組織自身會有所改變，我不免要犯下本章談到的許多錯誤。不過我在此也不是要為自己敲鑼打鼓、自吹自擂，只是想讓各位明白，我如何覺察警訊，並採取行動。事實上領導統御如果能產生令人鼓舞的制度變革，辭職反而代表我沒有能力讓組織改革。要是他們真的能夠改變，我也不必辭職。

在我們談到解決方案之前，再多看一個例子，這是整個產業持續而例行地忽略警訊，導致領導失能。

監督管理

二〇一二年六月英國巴克萊銀行（Barclays）率先跳出來承認，它們以不實手段操縱倫敦銀行間同業拆款利率，因而被裁罰四億五千萬美元。對很多人來說，甚至是那些具備財金背景的人，也許都對這則新聞不太感興趣。但是事關同業拆款利率的醜聞，其實是一件大事，值得我們多加關注。倫敦銀行間同業拆款利率，是要找出公平而有效率的利率水準，方便銀行間的短期融資。而民間利率，包括汽車貸款、學生貸款、抵押貸款等，也都會盯緊同業拆款利率來調整。倫敦銀行間同業拆款利率的影響甚至不局限在英國國內，例如美國的抵押貸款浮動利率也會遭受顯著影響。

倫敦銀行間同業拆款利率的根本缺陷，就在於它的計算方式太過簡單。其作法是，在每個交易日的早上十一點，由全球各大銀行的交易員出來宣布自家銀行的借款利率。但各銀行宣布的利率並不是實際上發生的借款或貸款利率，只代表銀行本身的主觀看法。匯集各行報出的利率後，最高和最低的四分之一會被捨棄，留下的中間值再加以平均。這種計算方式運用到十種幣別、十五種不同期限的貸款利率上，得出總共一百五十個同業拆款利率。全球大約三百六十兆美元的資產，就繞著這些利率打轉，也就是說，如果所有的倫敦銀行間同業拆款利率一年內平均都下降一%的十分之一，全球資產的利息就要減少三千六百億美元。如果從美國各州、郡和個人實際受影響的層面來估算，這樁同業拆款利率操縱醜聞的影響金額大約是六十億美元。[16]

巴克萊銀行猜測同業拆款利率的動向來做投資，又根據自己的投資來引導同業拆款利率變動。如果沒有投資考慮的時候，巴克萊銀行會故意低報利率估算，來創造可預測性，並增加自己行內利率的穩定。巴克萊銀行可不是唯一參與操縱的金融機構，有充足證據顯示銀行界聯手勾串，操縱倫敦銀行間同業拆款利率。學術界的研究指出，花旗銀行（Citibank）的低報幅度更比巴克萊低了五成，而加拿大皇家銀行（Royal Bank of Canada）則是最徹底的操縱能手。[17]二〇一二年十二月，瑞士銀行（UBS）也因為相同的指控被裁罰十五億美元，而且這幾家操縱利率的銀行中也有多人涉案遭到起訴。

蘇格蘭皇家銀行（Royal Bank of Scotland, RBS）交易員陳啟明（Tan Chi Min，音譯）坦承銀行知道內情，也涉及聯手操縱拆款利率。在下面這段交易員的對話中，顯示蘇格蘭皇家銀行日圓商品交易負責人摩何汀（Jezri Mohideen）要求設定拆款利率：

摩何汀：拆款利率報多少？

交易員二：你喜歡多少，我是說拆款利率？

交易員三：感覺很複雜，不過我大概是想要低一點，對事情才會有點意思。

交易員四：要是拆款利率能降低，整個ＨＦ（對沖基金）界都會愛你，不會來找我麻煩。

交易員二：那好吧，我會降低一個基點，如果可以的話就降更多。

接著是陳姓交易員和德意志銀行（Deutsche Bank）王馬克（Mark Wong，音譯）的對話，凸顯出拆款利率受到操縱，對外界造成不利影響：

陳：真是嚇死人啊，光是拆款利率的設定就能讓你賺那麼多，要是方向相反就賠一屁股。倫敦那邊現在可成了一個聯盟囉。

王：做買賣的可就難辨啦，尤其是圈外人。[18]

從監督管理的角度來看，一個國際制度會出現這麼明顯的腐敗，真是不可思議。利率的設定，就由那些操縱利率不當得利的銀行來做。銀行可能因為一己之私而操縱利率，讓整個社會負擔成本，這麼明白的事情，監管部門為什麼看不出來呢？那些主要國家的監管機關對此全球金融的制度性詐騙，為何不聞不問？

醜聞爆發之後，馬上有人提出合理的改革建議，包括要求銀行業者匯報利率應以同業間存款市場的實際交易為準，而不是原先的主觀預期。[19] 也有人建議，像倫敦銀行間同業拆款利率這種指標利率受到操縱，應該加諸刑事罪責。然而最醒目的問題卻沒有得到解答：像這樣的改變可說是常識吧，但監管機關為什麼一定要等到災難發生，才知道必須改變呢？

蓋特納（Timothy Geithner）擔任美國財政部長之前，是紐約聯邦儲備委員會的負責人，曾於二〇〇八年寫信給英格蘭銀行（Bank of England）總裁，建議對倫敦銀行間拆款利率做些改革。但他的建議說得很模糊，並未特別點出這問題的嚴重性。英國《衛報》（*Guardian*）記者渥芙（Naomi Wolf）如此形容蓋特納：「看到金融體系出現這種精心設計又碩大無比的欺騙，很難相信如此的沉默——『不要自找麻煩』——不是出於更高層、更大權力的獎勵所敦促。

要是你知道利率操縱和監管失能是體系上出問題，卻仍然保持緘默，那麼，或許就表示你這個人真的很可靠，可以被當作自己人。」[20]

這話說得很像是在挖苦，但不幸的是，要是從拆款利率這樁案子發現的證據看來，還真沒說錯。這些銀行業者的作為也代表道德敗壞，為了一己私利蓄意扭曲利率，而世界各國的監管機關也很失敗，竟然沒注意到整個制度已經走樣，也沒發現監管措施亟需改革。放任讓銀行主觀報價，很容易被自身利益所蒙蔽，顯然不是公平、公正設定利率的好辦法。

這件事代表金融市場需要更嚴密的監督管理，不是更多管制，而是更聰明、更有智慧地管理。監管機關和制定政策者必須考慮到市場成員應該扮演什麼樣的角色，因為他們都有各自的利益考量，也就是說，他們的行動可能扭曲市場走向，如此一來就等於剝削了局外人的利益。

尋常的領導統御

要思考這樣的關注失敗不難，平時新聞媒體上就有許多報導，這些資訊都很容易取得。我們自己在進行監督管理時，不管是針對自己的孩子、員工或同儕，也時常會碰到一些狀況不太對的時候。通常是因為資訊不斷增加，但我們卻忽略了，或者因為欠缺證據，而不敢纏著別人要求更多可以揭開真相的資訊。結果因為我們的緘默不語或對現況自滿，接受甚至是促成了腐敗。

媒體時常報導大專院校大規模作弊的醜聞，包括我任教的學校也曾發生過這種事。這些報導的焦點，最後都擺在學生的行為。學生作弊固然令人遺憾，但媒體報導也太過低估領導者，包括教師和學校行政當局在其中扮演的角色，是他們忽略了一些因素、規範和誘因，才創造出誘發作弊的環境。我認為在醜聞發生之前就先發現這些狀況，是領導者的職責所在，他們有義務先對組織進行必要的改革，而不是事後才來批評學生不誠實。

在下一章，我會繼續探索學術界的腐敗狀況（當然還有其他議題），重點是擺在教職員上，讓各位明白領導人如果沒注意到潛在陷阱，整個體系很容易就敗壞。

| 第四章 |

整個產業的盲點

豪瑟（Marc D. Hauser）是美國哈佛大學心理學系知名教授，以動物和人類認知研究揚名學術界。豪瑟在校園中獨樹一格，他蓄著時髦的山羊鬍，雙眼促狹調皮，姿儀完美，氣定神閒，顯然對自己在男性中稱王的形象洋洋自得。他是極受讚譽的公共知識分子，在學生、同行科學家和大眾媒體的眼中都很受歡迎。後來在二〇一〇年，有個消息指稱哈佛大學發現豪瑟涉及八項未指名的不實研究，一年後他辭去哈佛教職。雖然豪瑟並未招認做了什麼，哈佛大學也沒有詳細說明，但業界刊物《認知》（*Cognition*）雜誌後來宣布撤銷一篇豪瑟二〇〇二年的論文，部分媒體也指出，有幾名跟隨豪瑟一起工作的學生指控研究資料造假，哈佛大學因此對他的實驗室展開調查。[1]

根據《高等教育紀事》週刊（*Chronicle of Higher Education*）報導，豪瑟的研究助理懷疑他的研究成果，最後才向大學當局舉報。豪瑟一向主張靈長類動物（特別是恆河猴和絨頂檉柳猴）跟人類嬰兒一樣，可以識別模式。該研究助理指控，豪瑟對猴子錄影的行為紀錄進行編輯造假。[2]《高等教育紀事》週刊報導指出，豪瑟的實驗團隊要看錄影帶，觀察猴子的行為反應，根據猴子能否辨認模式來記錄其表現。標準的研究方式，是讓兩位研究員各自觀看錄影，並記錄，再比對兩人的紀錄是否一致，以確保實驗可靠。

《紀事》週刊報導的一次實驗中，豪瑟和另一位研究員都觀看了猴子錄影，並為之進行記錄後，由另一位研究助理分析比對結果，他發現第一位助理沒有觀察到豪瑟主張的模式辨別，但豪瑟的紀錄上卻表明猴子已經注意到模式變化。如果豪瑟的紀錄沒錯，表示實驗已經成功，也可以對外發表了；但要是研究助理的紀錄才正確，代表實驗失敗。負責分析比對結果的第二位研究助理和實驗室的另一名研究生，都建議豪瑟再找一位研究員進行第三次觀察和紀錄，但豪瑟不肯，跟這些年輕同事幾回電郵來往後，豪瑟寫道：「現在我覺得有點火大了。」

後來那位研究助理和研究生瞞著豪瑟，自行觀看錄影並做下自己的紀錄，他們確認這個實驗的確是失敗了，豪瑟的紀錄根本沒有誠實地反映出猴子的行為。消息走漏後，實驗室裡的其他幾位成員也表示曾跟豪瑟發生過衝突，認為他對實驗數據造假，並蓄意使用假資料。

就在豪瑟實驗造假風波爆發之前的二〇一〇年，我曾到海牙開會，對荷蘭政府高級官員發表演說。這次會議的目的，是邀請一些決策行為和心理研究學者，與政府決策人員分享自己的見解和心得。如果是在美國，政府決策者對於社會科學研究的興趣大都集中在經濟領域，但荷蘭政府卻對心理學研究可以提供什麼幫助感興趣。

當時荷蘭蒂爾堡大學（Tilburg University）心理學教授史岱保（Diederik A. Stapel），就是讓荷蘭政府注意到心理學研究的核心人物，也是邀請我前往海牙的學術團隊成員。不幸的是，在那次會議後不久，史岱保就因為資料造假，遭到蒂爾堡大學停止研究工作的處分，據說他發表的論文至少有三十篇涉及資料造假。二〇一一年十月三十一日，蒂爾堡大學委員會表示，有三位未透露身分的年輕同事最早舉發史岱保的詐欺行為。在豪瑟和史岱保事件中，我們都看到年輕的研究人員必須團結起來，相互支援，才能夠公開事實，挑戰資深前輩。

對此事件，史岱保回應：

> 我作為科學家是失敗的，我在研究上作假，編造實驗數據，不只是一次，而是多次；不只是短暫，而是持續。我知道自己的行為讓同事們感到震驚和憤怒，讓自己從事的社會心理學領域蒙羞。我很慚愧，也很後悔……我承受不住實驗成功、想出版論文、在長期上取得進步的壓力。我要得太多也太急。在那個大家各自為戰、欠缺檢驗和制衡的體系中，我走上歧路。但我要強調的是，我之所以犯下錯誤，並不是出於自私自利的目的。[3]

最近又有兩位知名心理學家也涉嫌造假，編造假資料。這些實驗數據造假的悲劇，都被媒體大幅報導。但有趣的是，在豪瑟和史岱保的案例中，發現情況不對勁並採取行動的人，都是一些比較年輕的研究員，至於許多資深學者明明知道同樣的訊息，卻什麼也沒做。這種情況讓我覺得，首先，我希望對於研究數據造假這種事應該採取更嚴厲的懲罰；其次，這種狀況對科學進步其實威脅不大。像那樣做實驗的研究員並不多，而科學研究要求重要成果必須能夠複製驗證的準則，也能確保科學研究不致受到造假結論的誤導。研究論文的結果要是不能由學術界複製檢驗，他們的研究成果馬上就會受到同業質疑。

像這種不常見的明白造假行為曝光，卻可能讓我們看不到一個更嚴重的問題。我說的不是像那種明白造假可能遭到隱瞞。事實上，在這兩起驚人事件中，互相分享懷疑並採取行動的人，都是年輕學者。而這種違越誠信、背離學術道德的事情一旦被揭發，好像整個心理學界甚至是整個學術界都鬆了一口氣。大多數學者都自信滿滿地表示，他們不會犯下同樣錯誤。但是只注意那些明白造假的詐欺行為，反而讓我們看不到一些更常見、但媒體不注意的行為，這些行為雖然還不到編造假資料的程度，卻也威脅到學術誠信。要是學術界都接受的實務方法，根本無法確保必要的誠信，又會發生什麼事呢？

隱性盲點

二〇一二年三月美國上市公司會計監督委員會（U.S. Public Company Accounting Oversight Board, PCAOB）邀請我和優秀同事摩爾（Don Moore）前往作證；該委員會係因安隆公司及其審計機構安達信會計事務所和其他幾家公司作假帳，根據二〇〇二年薩班斯－奧克斯利法案（Sarbanes-Oxley Act）而成立的調查單位。那次聽證會是探討上市公司是否應該定期更換審計機構，才能確保審計作業獨立公正，而我們受邀到華盛頓特區監督委員會辦公室，只是這項大工程的一小部分而已。事實上我們準備提出的意見，監督委員會主席多蒂（James Doty）

早就很清楚，因為這些話我們已經說了十五年啦！但在說服政府領導人維護審計獨立公正方面，還是未見成效。現在我倆又坐在五位委員、一群反對審計作業改革的專業聽眾、以及許多商業媒體面前，再一次熱切地鼓吹確保審計獨立公正的看法。

因為這個討論聽起來很官僚氣，所以我先提供一些背景資料。美國政府和大多數發達國家都曉得，許多外部人士（包括投資人、策略合作夥伴等）都必須仰賴企業會計帳本，才能做出投資與交流的決策判斷。因此法規才要求企業必須接受獨立審計機構審查，而整個審計業就是為了提供獨立審查才產生的。在一九八四年美國政府控告安永會計師事務所（Arthur Young & Company）的案子中，首席大法官伯格（Warren Burger）即主張，審計人員「對其所有客戶，不管任何時候都要保持獨立」。

我到上市公司會計監督委員會作證時，再次提出一九九七年文章和二〇〇〇年在證券交易委員會作證時的看法，現在我再對各位說一次：美國現在根本沒有獨立的審計，要創造出獨立審計的步驟其實很清楚，但我們一直無法做出這些改革。要在美國要求企業受到獨立審計的成本非常高昂，而整個產業所創造出來的環境，就是無法確保審計的獨立與公正。至於主宰審計業的那四家會計師事務所，在操縱美國法律和政治制度上可說是太成功了，才能一直保護自己的市場和獲利，以致維護獨立審計的諸多條件因而被犧牲。況且社會上大多數部門也都沒有注意到這個問題的嚴重性。

那麼，到底是出了什麼問題呢？問題就是，我們已經在制度上讓審計人員必須去取悅客戶，在這種狀況下，審計員的獨立性必定蕩然無存，這些腐敗行為在整個審計業中也已經制度化。在現行法規制度下，審計業者為了財務因素必定避免被解僱，希望客戶可以一直聘用他們。要是審計師不願簽署客戶帳本，就要冒著失去客戶的莫大風險。審計公司在審計之外的服務上也獲利甚大，包括對它們的審計客戶提供業務諮詢服務。有許多審計業者在審計之外的服務報酬，甚至遠遠超過審計業務本身。此外，審計業者對客戶財務報表的審查理應公正不阿，但它同時作為該客戶的諮詢顧問，又必須身段柔軟，這兩種立場未免衝突。

最後是，個別審計人員也常常離開原本隸屬的會計師事務所，轉而進入客戶的公司工作。事實上，審計人員最後跑到客戶的公司上班，是審計員最常見的工作異動。把所有這些狀況加起來即可知道，審計業者必定要讓客戶感到愉快才能獲利多多，而不是誠實地審查帳目。如此一來，「獨立的審計公司」就不可能是獨立的。以安達信事務所和安隆公司來說，以上那些狀況都跟審計員的超然獨立相違背。而且再想想這個簡單的事實：安達信早在一九八六年安隆公司才剛設立不久，就牢牢抓住這個客戶不放，直到兩家公司同歸於盡，一起關門大吉。

我第一次談到審計獨立這個主題，是一九九七年跟摩根（Kimberly Morgan）和羅文斯坦（George Loewenstein）一起撰寫的文章[4]，我們認為決策者通常會把利益衝突看作是單純的選擇，在完成個人義務或者追求自利之間做決定。交易員面對利率操縱，他可以向主管機關舉報，也可能要求利率設定在有利自己投資的水準。衝突是顯而易見的，而選擇也都經過深思熟慮。利益衝突當然會被刻意導向道德勸說或道德制裁的觀點，認為如此即可防止利益衝突的破壞。

但是，有許多研究表明，人對資訊的解讀方式會受到欲望影響，甚至是在我們想保持客觀公正的情況下。我們大都覺得自己開車技術比別人厲害、小孩比別人家的聰明，所挑選的股票或基金表現比大盤還好，就算是證據明白顯示剛好相反，也同樣信念不改。當我們認定某些結論時，就會低估其他違背看法的事實，而對於支持我們想法的例證則是不加鑑別地接受。我們根本不曉得自己在資訊處理上已經有所偏頗，還一心以為自己的判斷完全沒有偏見。

五十年前的實驗，就已經證明自利偏見的力量。由巴布科克（Linda Babcock）、羅文斯坦、伊薩可羅夫（Sam Issacharoff）和卡梅拉（Colin Camerer）共同進行的著名研究中，讓參與者模擬原告與被告律師的談判。[5]兩人一組的參與者，會拿到摩托車與汽車相撞事故的醫療報告、證詞及其他法律文件，然後進行談判協商，讓被告向原告賠償。要是雙方無法達成協議，那麼就由法官裁定金額，雙方都要支付巨額罰款。在談判進行之前，會請參與者先預測，萬一協調失敗的話，法官會裁定給原告多少錢。參與者都得到保證，對方不會知道他的預估金額，而法官的決定也不會受此影響。同時參與者也受到適當誘因，確保他們會提出準確預估。結果平均來說，代表摩托車原告的參與者所提出的賠償預估值，大概是被告那邊的兩倍。

我跟摩爾、唐魯（Lloyd Tanlu）也曾一起研究過利益衝突的影響到底有多大，我們讓參與者根據虛擬企業可能轉賣的資訊，來預估該公司的價值。[6]參與者分別扮演四種角色：買方、賣方、買方的審計師和賣方審計師；他們讀到的都是相同的資訊，包括一些可以幫助他們評估企業價值的資料，而扮演審計師的參與者，要負責提供公司價值的預估數值給客戶。結果賣方的預估值會高於買方。[7]更有趣的是，連扮演審計師的參與者，也會偏向自己客戶的利益：賣方的審計師認定的公司價值，均遠高於買方的審計師所估算。

這樣的偏見是故意的嗎？還是人在做出不道德行為時，甚至不曉得自己做錯了，也就是我和同事所說的「界限倫理」（bounded ethicality）？[8]為了搞清楚這一點，我們要求那些扮演審計師的人，要像公正的專家一樣來估算公司真正價值，並表示估算準確即能獲得獎勵。但賣方的審計師所估算的公司價值，平均而言還是比買方審計師的估算值高出三成。這些數據有力地表明，參與者在解讀公司相關資料時，就已經帶有偏見：扮演審計師的人偏頗地進行估算，而且自己注意到客戶行為偏頗的能力也受到限制。光是假裝的客戶關係，就能扭曲審計師的模擬判斷。後來我們還找了四大會計事務所其中一家的審計員來重複這項研究，他們跟客戶之間存在著幾百萬、幾千萬美元的長久生意關係，無疑會形成更大的影響力。那些審計師果然都會偏向買單的客戶，無法保持超然獨立的地位。

我們在這個世紀初首度提出審計過程自利偏見的實證研究，心理學界的研究人員普遍回應：「我們早就知道啦，而且很久以前就知道了。」心理學的研究早就表明，我們會以對自身有利的方式來看待資訊，無法保證自己的超然獨立。換句話說，審計員受到的指責，其實只是表現出人性罷了。而會計相關領域則對於我們的研究成果極表不屑，因為他們認定審計員超然獨立無庸置疑，這群人包括大型會計師事務所的負責人、學術界的會計學者，還有那些毫無作為的監管機關。我相信這些人都認為偏見是一種刻意為之的過程，因此在他們認定審計員誠實無欺的同時，也認定審計員也可以對偏見免疫。

但企業界裡就有許多刻意做出非法行為的壞人，像馬多夫、史基林（Jeffrey Skilling）、雷依（Kenneth Lay）和法斯托（Andrew Fastow）等。不過老實說，我認為更大的傷害是我們大多數人造成的，我們做出一些壞事卻不知道自己做錯了，還有些人明明看到別人做出不道德的行為，卻什麼都不說。同樣的，儘管媒體認為豪瑟和史岱保的墮落非常駭人，其實會刻意造假資料的心理學家只占非常小的比例。但即使這樣的欺詐行為極為罕見，我們對資訊數據的正確性也不是太篤定。事實上，學術界更嚴重的問題在於，有些研究人員明明立意良善，卻破壞了自己研究的誠信，而整個學術圈甚至不曉得自己做錯了什麼。

在社會科學的量化研究方面，研究人員和同行審閱期刊論文時，通常使用一種非常明確的標準來決定研究結果是否「統計顯著」（statistically significant）。這個標準就是稱為「p值」的統計數字，如果它小於〇．〇五，表示結果隨機出現的機率小於五%。儘管科學家還有許多不同的統計檢驗方法，但「p值小於〇．〇五」在所有檢驗方法中大概還是占據主導地位。研究人員也都明白，他們的論文要是想在重要科學期刊上發表，研究結果大概都必須符合「p值小於〇．〇五」的要件。但也有很多方法可以提升研究人員獲得「p值小於〇．〇五」的效果，也就是利用所謂的「研究人員自由度」（researcher degrees of freedom）。[9]

現在假設有某研究人員提出一項假設，說男性在投資上比女性更勇於冒險。（純屬虛構，並不是真的有這個實驗。）如果研究人員妥善定義這項檢測，事先就決定好要找多少男性和女性來參與實驗，那麼「p值小於〇．〇五」就能發揮它的效果。比方說，你會請那些男、女參與者進入實驗室，要求他們在股票和債券之間做投資決策。要是發現男性更樂於選擇股票，那就是有利於假設的證據。但要是你提供的股票和債券，本身在風險程度上也有不同的差異呢？於是你可以檢測以下狀況是否正確：

1. 男性比女性更傾向於投資股票而非債券。
2. 男性挑選的股票，其風險比女性挑選者來得高。

3. 男性挑選的債券，其風險比女性挑選者來得高。
4. 由金融學家發展出三種不同的聚集方法（aggregation method）檢測得知，男性在投資風險上的聚集水準較高（四a、四b和四c）。

現在假設你的實驗是找十五位男性和十五位女性來進行。你發現結果雖然是傾向於你原本的預測，但還未達到〇．〇五的顯著門檻。你又找了另外十五位男性和十五位女性再做一次實驗，這次結果又比上次稍微顯著一些（「p值」在〇．一〇到〇．〇五之間），所以你又找了二十位男性和二十位女性再做一次實驗。最後你把這三次實驗的結果加在一起，就會發現男性比女性更可能選擇高風險股票的情況果然是「顯著」。

我舉這個假設例子要表達的是，研究人員可以針對同一個想法做很多次不同結果的實驗，以學術界的行話來說，就是他們淨可蒐集到許多獨立的變數。他們可以一直做實驗蒐集到一批數據，等到結果逼近「顯著」時，又蒐集更多數據，以多次實驗讓結果達到「p值小於〇．〇五」的門檻。在蒐集大量資料之後，也可以把那些離群值（certain data）剔除（例如某些奇怪的反應，顯示參與者不了解任務要求），再來看看排除那些數據會不會影響到整體結果。

心理學家西蒙斯（Joe Simmons）、尼爾遜（Leif Nelson）和希蒙松（Uri Simonsohn），在

二〇一一年做了一項研究後，發表精彩論文指出，只要利用四次這種研究人員的自由度再加上一些創意，就很可能讓某些論證的證據達到「p值小於〇．〇五」的門檻，即使實驗的基本想法並未通過測驗。[10] 就算是使用隨機數據，以多種方式來測試某些特定想法，都有遠高於五％以上的機會找到你想要的結果，然後這些有效數據就可以拿出來發表。西蒙斯及其同事的研究還表明，只需要極低的研究員自由度，就能達到五成以上的機會獲得「顯著」成果，甚至是運用一些隨機數據也行。總之他們的研究表示，這個領域的實驗規則其實可以加以操控，而得到一些你想要但不見得正確的結論。

同行評審期刊因為篇幅有限，並不鼓勵研究人員發表完整的數據和實驗，也因此反而支持了前面所說的那種大有疑問的研究方式。尤其是主觀性質越高的學科領域，越可能出現這種尤其值得質疑的研究方式。也就是說，社會科學特別容易採用這些作法。

在另一篇相關論文中，約翰（Leslie John）、羅文斯坦和普雷列克（Drazen Prelec）針對心理學研究人員進行調查，運用複雜程序引導參與者誠實作答，並詢問他們所使用有疑慮的一些研究方式。[11] 這些作法包括：（一）不全盤托出研究完成的所有測量（被測量的結果）；（二）在實驗之後視結果顯著與否，再決定是否蒐集更多數據；（三）不全盤托出研究的所有不同狀況和版本；（四）因為想要的結果已經出現了，就提早停止蒐集數據；（五）刻意採用有利方式四捨五入「p值」（例如，將原本〇．〇五四的p值化約成小於〇．〇五）；

（六）只挑選出那些「有效的」結果，刻意隱瞞那些沒成功的；（七）以排除對結果的影響，來決定特定數據是否排除；（八）對於某些意外發現謊稱早已預期；（九）謊稱結果不受人口因素（例如性別）影響；（十）編造假數據。像豪瑟和史岱保就是犯了最後一項，編造假數據。而我們要看的是其他九項，算是比較輕微的犯規。

約翰及其同事獲得的調查結果顯示，前八項可疑的研究方式，分別有三六％到七四％的心理學研究人員涉入，第九項則有一三％，第十項九％。就算這些數字都被誇大了一倍，使用這些可疑方式的比例竟然這麼高，也一樣很驚人。顯然結論就是，心理學界許多研究的結果及其發表的論文很可能都不正確。

社會科學研究怎麼會變成現在這樣呢？首先，近年來學術界的競爭壓力很大。簡單說，現在要在頂尖大學謀得教職，比三十年前我剛進學術圈時要困難許多。就業市場上剛獲得博士學位的優秀新人，發表的研究論文數量驚人。此外，頂尖大學的學者通常也最受媒體關注，演講費比較多、出版簽約金也高，因此更加吸引大家爭取這些高高在上的位置。況且期刊編輯也想發表「有趣」的研究結果，在有限的篇幅中擠進更多論文，許多重要期刊都壓縮發表空間，研究方法的諸多細節因此就被犧牲。

凡此種種諸多因素匯集在一起，就讓研究人員濫用自由度，卻沒注意到自己做錯事，至少在西蒙斯、約翰及其同事發表著名論文之前，大家根本沒想到。很多研究人員都只是乖乖跟隨老師和期刊編輯的指導和建議，遵照學科領域的標準作法，卻從沒有停下來思考一下，自己是如何違反「p值小於〇．〇五」的邏輯標準。對許多人來說，這兩篇極其優秀的研究論文正是警訊，我們在實驗室的作法必須改變，也必須更公開透明。

但並不是所有社會科學家都跟我一樣，熱衷於改革研究實務。事實上，這兩篇論文在方法論上的一些小細節，也同樣招致批評。比方說，約翰及其同事的這份調查只得到三六％的回覆率，有些人就質疑樣本代表性恐怕不足，所獲得的結果可能誇大了。不過，且慢，誰會更樂於填寫一份關於研究倫理的問卷呢？是那些秉持倫理道德的研究人員，還是不守規矩的人？回答這個問題之後，事情就很明顯了，約翰及其同事的估算無疑太過保守。

也有人指責約翰及其研究團隊的研究只是想博取知名度，一樣不符合職業道德，也有人批評他們不了解基本的研究方法。這兩項指控看來都沒什麼道理，因為這些作者早都久負盛名，而且都發表過許多研究論文，可以證明他們清楚掌握研究方法。批評者表示，那些遭指控使用「可疑實驗方式」的案例很少被證實，說發表論文的研究團隊是想毀滅整個社會心理學科，為了保護一些「圈內人」，而強力壓制這個團隊的發現（也就是不讓媒體知道社會心理學界的一些內幕）。最後對於研究成果遭到扭曲的情況，批評者不主張採取行動加以改革，而是認為需要更多研究，尤其是針對研究人員自由度這個主題。我看到那些只曉得自我防衛的辯解和不思奮起的推拖反應，跟美國菸草業、否認氣候變遷的人和抗拒改革的審計業者全沒兩樣，還真是嚇壞了。[12]

研究人員自由度這個問題，並不局限在特定的社會科學或方法上，而是在挑戰整個學術圈，必須決定要怎麼做研究，才能更加正直公正。坦白說，就是我們學術圈的人沒有控管好自己的生產線，也因此受到媒體批評。現在研究人員自由度的問題又跟數據造假混為一談，其實這兩者根本就不一樣。這樣的混淆之所以發生，是因為社會科學家對自身的利益衝突視而不見。儘管數據造假這種事情在學術圈不被接受，但約翰及其同事所指稱的情況，許多也的確早就約定俗成地被接受了。許多導師將那些可疑方式當成標準作法，並傳授給博士生，那樣來做研究就等於偷偷地超速五英里。

邁向解決之道

以下兩個辦法，請問各位覺得何者比較可能成功：

1. 嚴禁審計人員與客戶建立持久的長期合作關係，不得提供審計之外的服務給客戶，也不准接受客戶提供的職位。
2. 因為各種導致審計人員取悅客戶的誘因早已制度化，需要一整套立法和專業辦法加以鼓勵，才能扭轉這種傾向。

要在這兩者之間做選擇好像有點蠢，誰都知道第一個看來比較有效吧。但是過去幾十年來，我們卻是選用後者，原因就出於政治因素。

有些審計人員無疑也知道自己行為腐敗，但大多數人卻跟我們一樣，都受到自利偏見所影響，把數字解讀為自己期望的樣子。由於會計作業在本質上常常趨於主觀，加上從業人員與業主間的密切關係，就算是誠實的審計人員也會在無意間為業主的財務真相做掩飾，從而誤導投資人和主管機關，甚至是公司的管理階層。

要採取步驟大幅提升審計人員的超然獨立，其實非常容易：

1. 審計人員的聘用應以明確合約訂定，規定審計人員及審計公司都應確實輪替執行業務。在合約規定的時間內，業主不得解僱審計公司，此外，在合約期間結束後，業主也不得再次聘用同一位審計人員（禁用的時間長度以法條明訂之）。
2. 當業主改聘審計公司，原審計人員不得轉至業主新聘的審計公司工作，又為同一位業主負責審計作業。
3. 審計公司不得提供其他非審計作業的服務。
4. 特定業主的審計人員，在特定期間內禁止受僱於該業主的企業工作。

沒錯，反對審計改革的人很快就會注意到，這些建議將為審計公司及它的業主帶來一些成本。反對者要求在進行改革之前要先進行成本效益分析，是因為他們知道，要找到關於審計員偏見確切且無可爭議的實證證據，是非常困難甚至是不可能找到的。我的反應是，這件事不應該是在維持現狀（審計業投入幾百萬、幾千萬美元的遊說才創造出來的）和推動改革之間做選擇，而是我們的社會是否需要獨立審計，或者審計需求是否可以被撤銷。如果我們需要超然獨立的審計，就應該體認到，要是現在體制不全盤更張，這個目標就難以達成。如今整個社會正支付巨大代價，而審計業卻做不到它們宣稱的服務，也就是「超然獨立的審計」。

審計產業在美國已經動用數千萬美元來阻止獨立審計，一直到最近，會計學者對於我們簡單清晰的訴求，才漸漸轉為開放態度。比方說，二〇一一年，美國會計學會的管理會計會議邀請我前去報告審計偏見的議題，擔任這個年度會議的主講人。這跟過去十五年的情況實在是很大的對比，在如此漫長的期間內，會計產業始終否認這個問題，結果釀成二〇〇八年的金融危機。

同樣的，要求心理學和其他社會科學研究改進誠信的建議，也都非常清楚，西蒙斯及其同事也都把必要的改革說得很明白。[13] 比方說，他們建議研究者在蒐集資料之前，先決定要做幾次觀察；其研究中須列出蒐集到的所有變數和狀況；在發表的論文上完全透明呈現所有決策。以上只是其中幾項。但要注意的是，個別審計公司如果表現出應有的公正不阿，它很可能會丟掉自己的生意，而遵照這些建議的研究人員在論文發表過程中也會趨於不利，因此這個問題的層次就是在整個產業或整個學科上。

我們不能期待年輕的研究人員自找麻煩，在知道別人發表論文輕鬆容易的情況下，自願採用新方式讓自己發表論文困難重重，這也太不合情理了。而是說，期刊編輯和學科領袖必須負起道德責任來採取行動，率先改變實驗和製作報告的規則。我們必須建立的，是一個平衡且更誠實公平的競爭環境。要求不打類固醇的球員和施打禁藥的球員競爭（而且大聯盟也不正視施打禁藥的情況），根本就不合理；要求博士生和沒有終身職的年輕教授來解決這個問題，也一樣不合理。這個責任應該由業界領袖承擔，才能改變整個體系的規則。

在學術界和會計學科之外

利益衝突的問題也不光是出現在審計產業或學術界，醫生、律師、投資顧問、房地產仲介，以及許多我們仰賴其提供建議的人，也都可能受到利益衝突扭曲。但這問題對審計人員而言比較獨特的是，這一行之所以成立，就是為了提供超然獨立的評估，但是利益衝突又讓他們無法超然獨立。

請注意我說的是「比較」獨特。且讓我們回想一下二〇〇八年的金融危機，當時被指責釀成巨禍的原因包括：不負責任的銀行、貪婪的買房者、投機客、民主黨把持國會讓低收入戶獲得太多貸款，還有布希政府拙於決策且疏於監管。以上這些族群都受到錯誤判斷和利益衝突所影響，而其中立場最近似審計業的，就是信用評等機構。

正如審計公司的存在是對外頭的股東擔保公司財務狀況，信用評等機構的存在也是告訴外頭的持有人，那些流通在外的債權是否值得信賴。他們所做的就是評估投資證券，按照它的風險程度做出評等。對於販售證券給投資大眾的金融業者而言，那些證券必須經由以下三家評等機構之一做出評等：標準普爾（Standard & Poor's）、穆迪（Moody's）或惠譽集團（Fitch Group）。

隨著房地產泡沫越吹越大，債券發行者開始販售次級貸款和其他高風險房屋貸款債權，變成債權證券。有充分證據顯示，信用評等機構對於這些證券的評等太過寬鬆，也就是無法保持超然獨立的地位。現在看來是很清楚了，那些經理人負責營運的機構給予幾千種複雜的債權證券三A等級（最高的AAA等級），而他們本應懷疑這些資產有毒。現在也同樣清楚的是，這些信用評等機構所缺乏的，正是原本該是它們存在的唯一目的，也就是超然獨立。在金融危機之後，美國眾議員暨眾院監督與政府改革委員會主席韋克斯曼（Henry Waxman，加州、共和黨籍）指出：「信用評等機構可說是非常、非常失敗。」[14]

標準普爾、穆迪和惠譽都是靠它們評等的證券發行公司來賺錢，就像是審計事務所一樣，它們並不對廣大投資人負責，但投資人卻因為它們過於寬鬆的評等及喪失超然獨立，而蒙受巨大損失。這三家大型評等機構給予證券和債券發行者最好的評等，以謀取高額利潤，也就是說，它們獲取報酬跟評等的準確與否無關。事實上，顯而易見的是，這些機構的評等標準越寬鬆，給予越多正面評等，就越能贏得新客戶的生意，結果很快就是大家一起比爛，全部跟著墮落。而且評等機構也跟審計業者一樣，也會對那些證券發行者販售其他的諮詢顧問服務。

但是，在金融崩潰之後，卻允許信用評等機構繼續沿用這種明明喪失功能的模式。二〇一三年九月十七日，美國《紐約時報》報導[15]指出，標準普爾公司高層還是做出管理決策，決定降低標準，以吸引更多的生意上門。同樣讓大家看得很清楚的是，市場非常樂見標準降低：標準普爾降低標準後，它的市場占有率從金融危機後不久的一八%，跳升為二〇一三年的六九%。[16]

要是有誘因讓評等機構去取悅被評的企業，那麼要它們進行公正無私的評估就絕對不可能。如同審計業護衛者的主張，信用評等機構的護衛者也認為，企業誠信價值的重要性，會確保評等機構不受偏見所影響。信用評等機構的誠信，過去不值得信賴，未來也一樣不能相信。

誰忽略了利益衝突？

很多人都沒注意到利益衝突。教授、博士生、期刊編輯，還有掌管社會科學的眾學科領袖都沒注意到，我們正以殊堪質疑的方式在做研究，使得整體的研究品質與誠信每況愈下；審計事務所、實際作業的審計人員、業主、投資人，還有美國證券交易委員會都沒注意到，審計作業並未超然獨立地進行；信用評等公司、評等人員、受評證券的金融業者、投資人，還有美國證券交易委員會也都沒注意到，信用評等機構無法發揮主要功能。這三個例子都顯示，整個產業和體系陷於自滿而麻痺。

每當你聽到有人說「我們這一行都這麼做」時，它是一個警訊，你應該繼續追問為什麼要那樣做，而且進一步追問，有沒有更好的辦法。我們太常以為整個產業、整個圈子都那麼做，就是個合理的解釋，甚至當大家都接受的方式並不正確或不適當時，也不會去質疑。大家共同的行為，很容易就被視作正常，但這並不能代表它就是正確。而我們要是不站出來反對那些不道德的行為，自己也就成為問題的一部分。

| 第五章 |

魔術師、扒手、
廣告人、政客和談判家
的共同點

現在我們又要再回來談前言提到的那支傳球影片（我承認，我對這支影片非常著迷）。就像我之前說的，我的朋友班納潔叫我們數螢幕上的傳球次數，結果大家都被耍了。要不是我們都忙著算傳球次數，一定會很清楚地看到有位撐傘女人走進球員之中。

班納潔的「把戲」讓人聯想到變魔術。魔術師怎麼把大家耍得團團轉，讓人以為他們具備違反物理定律的驚人技藝呢？最常見的就是靠班納潔那一套：**誤導**。魔術師最擅長引導大家，讓我們不會注意到那些應該看得很清楚的事物。怎麼做呢？就跟班納潔要求計算傳球次數一樣來誤導大家，他們就沒看到撐傘女人；魔術師也都善於引導觀眾，把注意力擺在其他感官經驗上，就不會注意到戲法關鍵。

班納潔要這套把戲是為了教育，魔術師玩把戲則是為了娛樂大眾；不過有很多人耍你是為了讓自己獲利，損人利己。這一章我要教各位幾招防身術，讓你不會再被誤導。

魔術師就是利用我們感官能力的限制，想辦法分散注意力，我們就會疏忽掉一些顯而易見的事物。有一個超厲害的例子是大衛・考柏菲（David Copperfield）在現場觀眾和全球幾百萬名電視觀眾面前，把自由女神像變不見了。當然，自由女神其實一直都在，但考柏菲是怎麼把它變不見的呢？自由女神像並沒有移動，移動的是觀眾。

各位要是上網查一下，很快就會明白，那套把戲是瞞著現場和電視機前的觀眾，讓現場觀眾站在一個會旋轉的平台上。從平台上望過去，自由女神像就在平台上的兩根柱子之間。

戲法開始時，一張大布幕從兩柱之間升起，遮住自由女神。就在懸疑感逐漸加深之際，整個平台，包括台上的現場觀眾、披著大幕的柱子和電視攝影機，全都跟著平台旋轉，但旋轉速度非常緩慢，慢到平台上的觀眾根本察覺不到。此外，這場表演是在晚上拍攝，而視野中沒有其他視覺地標（除了自由女神）。平台旋轉到另一個方向，柱子中間當然看不到自由女神，這時大幕一拉開，觀眾自然大驚失色。再加上燈光特效和現場的一些演技，自由女神像就「消失」啦！然後大幕再度升起，平台又轉回原來方向，自由女神又「回來」了。

技巧熟練的魔術師，好像都能任意把某些東西變出來或變不見，這其實是利用我們大腦暫時專注在其他資訊上。例如用撲克牌變戲法，大都是靠魔術師靈巧的手法，利用一些動作來誤導觀眾的注意力，觀眾就不會注意到「魔術」是怎麼發生的。魔術師都有一套轉移注意力的本領，也許是靠眼神、手部動作、身邊吸引目光的美豔助手（所以一定要美豔嘛）、響亮的聲音，或者炫目的燈光。魔術師的技藝都須一再練習，練到毫無破綻，觀眾就會被引導而分散注意力。

有個常見的魔術表演，是趁人不注意時偷走對方的手錶。著名的魔術師蘭道（Jason Randal）就曾經在十五分鐘之內，偷走當時的副總統奎爾（Dan Quayle）的手錶五次。蘭道真是誤導的行家，所以許多決策課程都以他做例子。我們來看看奎爾的手錶是怎麼被偷走的。魔術師表演偷錶絕技時，通常會用一套把戲做掩護。這時候手錶的主人正專注在那套把戲上，根本不會注意自己的手錶。魔術師表演把戲時，會很湊巧地必須握住對方的手腕，趁這個時候鬆開錶帶，最後緊抓著對方的手腕，鬆開時連錶一塊兒摸走，對方根本就沒感覺。故意去抓住觀眾的手腕，用力地上下擺動，就是這套把戲的重點。在那些動作吸引注意力的同時，觀眾就不會注意到鬆開手錶的細微動作。

我跟許多魔術師聊過他們的表演，但還是對他們的技藝驚嘆不已，更讓我驚訝的是，他們說每套把戲的核心元素其實都差不多。要是真的知道不可能有魔法存在，那麼邏輯會告訴你，其實「誤導」只靠少數幾種方式在進行，而事實上也的確是如此。因此魔術師對於同行的表演手法，大都很容易就能破解，即使他們過去沒見過。雖然不是人人都有天分成為魔術師，我們卻可以學會觀察，去注意到戲法核心的誤導是怎麼進行的。我們等一下就會知道，這一點在現實世界中也是有意義的。

魔術師誤導你去注意他們要你注意的事物，手法幾乎都不是獨一無二的，他們只是最具娛樂效果的例子而已。魔術師也可能是全世界最擅長誤導的人，他們的戲法要成功，就必須騙過所有人。然而在其他領域和別的專業上，也有些人可以誤導很多人而獲得成功。

歷史上有許多成功的魔術師在玩牌時也是個老千，這可不是巧合。魔術師和老千都有靈巧的雙手，也都會運用分散注意力的技巧，讓你不會注意到他們偷偷地操縱紙牌的位置。有的人明明洗了牌，其實次序卻都沒變；有時候是一次抽出兩張牌，但你會以為只抽出一張。

他們會在紙牌上做記號，然後再「神奇地」找到那張牌。

正如從魔術師到老千只是咫尺之遙，從老千到扒手也相距不遠。扒手也擅長誤導注意力，方法與魔術師和玩牌老千都差不多。扒手也會運用一些不同的技巧，轉移你有限的注意力，其他同伴便伺機下手偷走你的錢包或貴重物品。也有些騙子在人群中故意製造事端分散你的注意力，他的同伴就有機會下手行竊，偷走你的東西。有的扒手甚至在街頭表演得有模有樣，引人圍觀，讓夥伴趁你專注觀看時動手扒竊。

不過我當然不是說勤懇表演的魔術師跟扒手一樣，前者是利用那些技巧來娛樂大眾，後者可淨幹些犯法的勾當。但是這兩者所用來分散注意力的技巧，卻幾乎一模一樣。我們在這一章中，會再介紹一些故意誤導，讓你疏忽自身最佳利益的人。比方說，成功的商人和政客就很善於誤導，他們的工作都可以靠這些技巧來進行。還有許多常見的生意行為，例如談判洽商和團隊運作，也都會採用誤導的技巧。也可以說，除非大多數人能發現某些人一直在進行誤導，否則他們在有利可圖的情況下，就會一直玩這套把戲。

挑選合適的產品：行銷和誤導

就拿購物來說。比方說你正準備買件大東西，也許是輛汽車或新的液晶電視。或者說，你只想找到某個合適的東西，例如為自己的電腦找到最合用的瀏覽器。你要做些什麼，才能做出最明智、最審慎的選擇呢？關於消費者及其他決策者該如何做出最明智的選擇，已經有很多人撰文討論過了。[1]許多專家都曾建議過五個步驟、六個方法、八套招式，教你怎麼做選擇，但內容其實大同小異。那些模式我用一段文字就能說清楚。

首先，確定目標，你可能也要想清楚期待符合哪些條件。比方說，你希望買的新車要省油，四口之家可一起搭乘去度假，還要讓鄰居覺得你的新車超酷。或者，你不擔心要花多少錢、家人坐起來舒不舒適，也不管鄰居的看法。不管你的偏好有哪些，總之你要先確定這些標準孰先孰後。確定你的目標後，就可以開始去賞車，再根據你訂出的標準來衡量每輛車子。雖然我們大多數人在進行重要採購時，不見得會明白地按照這套程序來做，但很幸運的是，我們在進行一些重要決策時，有意無意間也幾乎都是依照這套邏輯在進行。

現在，我們換個立場來思考。比方說，你希望大家來買貴公司的產品。但是，很不幸地，讓我們假設，你也知道對那些潛在客戶來說，貴公司這項產品不是最棒的。貴公司的產品是還算不錯，但競爭對手的產品在幾個明顯的標準上，卻比貴公司還要好。要是消費者依照合理的決策過程，他一定會去購買競爭對手的產品。所以你該怎麼辦呢？誤導！

我們來看看一個最近幾年常有廠商使用的廣告手法，就是編排出一張列表，把自己和幾個競爭對手的產品擺在一起，列出幾個重點互相比較。這個手法不是把決策留給消費者，而是要幫他們做決定。網站「www.lifehacker.com」上的一名部落客帕斯（Adam Pash）就特別指出，微軟公司（Microsoft）列表比較「IE」瀏覽器（Internet Explorer）和火狐（Firefox）、谷歌「Chrome」瀏覽器時，即涉及誤導。[2]

各位從下頁附表可以看到，微軟瀏覽器大勝競爭對手，至少就微軟選擇的那幾個重點來說。但帕斯認為微軟挑選出來比較的重點，都不是大多數人據以選擇瀏覽器最重要的標準。事實上，帕斯批評微軟列出一張「荒謬宣傳」的列表，就想贏回早已放棄「IE」的網民。他非常具體地指出，微軟挑選出來的六個重點都非常可疑，所附加上去的評論也只說自己的好話，其他重要的標準（例如運作速度）卻完全不提。

微軟的列表，跟其他許多行銷人的手法一樣，都只是想引導我們去注意他們產品中最好的一面。而這種作法之所以常見，是因為它真的有效。這些圖表看來都安排得很好、很合理，似乎就是幾個產品硬碰硬地公開做比較，通常也都有某一項產品（就是廣告業主的產品）明顯勝出。要讓你得到這個結論，就必須誤導你；要是讓你依據合理決策程序，也許就會自己得出競爭對手產品較佳的結論。所以他們就像是魔術師和扒手一樣，讓你的合理決策過程短路故障，進而掌握和操控你注意的焦點。像這樣的列表比較非常有效，因為很少人會停下來想一想：「可是這些因素都不是我關注的重點啊。」

當然，那種對照表只是眾多行銷誤導的手法之一。二〇〇八年的金融危機有件有趣的事情，高盛公司（Goldman Sachs）在販售抵押債權證券的同時，卻同時加碼押注債權證券會崩

	微軟	火狐	CHROME	評鑑
安全	✓			IE8可以輕易對付網路釣魚攻擊，保護電腦不受惡意軟體的侵害，同時阻止層出不窮的威脅。
隱私	✓			「InPrivate瀏覽」和「InPrivate過濾」功能，讓IE8在隱私保障項目取得勝利。
方便	✓			諸如「加速器」、「網頁快訊」和「視覺化搜尋建議」等功能，讓IE8用起來最方便簡單
網頁標準	✓	✓	✓	各家表現勢均力敵。IE8比其他瀏覽器符合更多項全球資訊網協會（W3C）的CSS 2.1測試，但火狐3支援的新標準較多。
開發工具	✓			IE8在這個項目當然取得優勝，因為它不必另行安裝任何工具，而且還提供諸如JavaScript效能分析等功能。
可靠	✓			只有IE8同時提供「標籤分離」和「當機回復」功能；火狐和Chrome都只提供其中一項。

盤，也就是「做空」它們。在二〇〇七年，高盛公司強烈看空房地產市場，並且投入巨額賭注。當然，如果覺得某件商品價格太高，而看空並下注並沒有什麼錯。但是在做空的時候，往往也會想要扭曲市場，好讓自己的空頭部位可以賺更多錢，而這正是美國參議院常設調查小組委員會在其金融危機調查報告中，對於高盛公司的指控。[3]

那麼，這個賭注要怎麼做空呢？高盛的辦法是靠自己在業界的聲譽，又創造出一種新的證券，然後誤導投資人相信它對這種新證券後市的看法。比方說，高盛在二〇〇六年推出哈德森・美澤林基金（Hudson Mezzanine fund），這是總額二十億美元的擔保債權憑證。高盛的行銷宣傳說「高盛已調集資源投入哈德森計畫」，為了證實所言不虛，高盛真的買了一點點。但調查委員會報告指控那項投資的真正目是在誤導，為了掩飾高盛其實是在拋空。

基本上，高盛是為了做空，才須做一點小小的投資，來誤導投資人以為它是在做多。高盛執行長布蘭克凡（Lloyd C. Blankfein）宣稱，該公司只是為這些證券和衍生商品創造出一個市場，負責撮合自願入市且經驗豐富的買賣雙方。但是參議院小組委員會的結論卻表示，高盛積極創造這個市場，就是想跟客戶作對賭。[4]

職業外交官：政客的誤導操作

二〇一二年八月二十五日，英國駐美大使威斯特馬考（Peter Westmacott）爵士受邀上美國公共電台的節目《等一下，別告訴我》（*Wait, Wait, Don't Tell Me*）。主持人賽格（Peter Sagal）問了幾個麻煩問題，請威斯特馬考示範一下老練的外交官會怎麼回答：

賽：我第一次寫小說，你介意幫我看看草稿嗎？

威：我當然很樂意。你第一次寫小說，就找我看草稿，太榮幸了。但你不會要我在上面寫下什麼評論，是吧？

賽：是啊。不過，假設你現在已經看過草稿。

威：喔，好的。

賽：而且假設寫得糟透了。

威：這樣啊。

賽：然後我還問說：「你覺得怎樣？告訴我實話。」

威：我特別喜歡描寫加勒比海小島上異國風情那一章，那些小屋後方的玩耍和遊戲。

賽：不過還有一些地方，像那幾個傢伙去搶劫加油站，後來等到外星人到來，幾乎就全掛了？那部分你喜歡嗎？

威：不瞞你說，這一章對我的吸引力，比剛剛說的那一章要少了一點。

正如威斯特馬考的示範，搞政治的人也是誤導高手。這位大使不只是避免答案太過冒犯，而且讓人以為他好像回答了問題似的。

威斯特馬考的回答，在社交場合上甚是常見，主要目的就是不會得罪對方。但有時候政客也有不同考量：避免說一些可能傷害自己的話。我們來回顧二〇一二年美國共和黨初選辯論會的例子。當時CNN記者金恩（John King）問四位爭取總統提名的候選人：「現在這場辯論會上，對你最大的誤解是什麼？」以下是羅姆尼（Mitt Romney）州長和金恩的對答：

羅：我們一定要恢復美國的承諾，讓大家知道在這個國家，努力工作和教育會讓他們獲得安全和繁榮，他們的孩子也會有更光明的未來。要做到這點，我們在華府就要徹底改革，我們要創造更多就業機會、減少債務，並且縮減政府規模。在這場競賽中，我是唯一……。

金：關於你的誤解有嗎？現在問的是誤解。

羅：你知道吧，你可以問你想問的問題，我可以給我想給的答案，這樣夠公平吧？而且我相信這之中還有一個大問題，就是要當總統應該是怎樣的人。

羅姆尼根本就沒回答金恩的問題。他先是避而不談，被金恩抓到後還是繼續閃躲。在甘迺迪（John F. Kennedy）和詹森（Lyndon B. Johnson）總統時期，時任美國國防部長的麥克納馬拉（Robert McNamara），曾說過一句名言：「不必回答你被問到的問題，而是回答你希望被問到的問題。」不管羅姆尼是否聽過這句話，他正是這麼做。

這麼拙劣的閃躲，當然很容易就被抓到。我們來看羅耀拉大學（Loyola）哲學教授特羅（J. D. Trout）曾寫過的另一個例子，奧克拉荷馬州參議員科伯恩（Tom Coburn），一邊買進兩萬五千美元的生技公司（艾菲美斯〔Affymetrix〕）股票，卻又一邊參與有利於該公司的聯邦立法事務。[5] 參議員科伯恩涉及的立法，可以讓他從那筆交易中獲得高額利益。科伯恩的公關主任哈特（John Hart）則說：「毫無證據顯示，科伯恩博士在他的經紀人買進之前就曾聽說過艾菲美斯，也沒有證據顯示，他的行動影響該公司的價值……就算有的話，那也是個傷害，因為它的股價已經跌了一半。」特羅指出，最後這句話好像是說科伯恩自己也賠錢了，但他其實是及時賣出，賺了三成五的利潤。哈特那些閃閃躲躲的話，讓大家獲得錯誤結論，讓科伯恩不會受到證據的追究，他們甚至也都沒說半句假話。

很多人會迴避問題，包括辯論的政客、記者會上的企業執行長、面對老闆強硬質疑的員工，還有想要隱瞞某些事情的配偶，比方說他想偷偷為你辦場生日派對。[6] 我的同事羅傑斯（Todd Rogers）和諾頓（Mike Norton）寫過一篇精彩的文章〈狡猾的閃躲者〉（The Artful Dodger），名稱來自狄更斯（Charles Dickens）小說《孤雛淚》（*Oliver Twist*）中的扒手，他都是在與人友善聊天時下手扒竊。[7] 讓別人感到放心，狡猾的閃躲者才容易得手。狡猾的閃躲者會給出一個近似的答案來應付質疑，例如那位參議員的行為合乎道德，因為那支股票後來跌價了。相較之下，拙劣的閃躲者回應顯得很突兀：總統候選人一再跳針說自己應該贏得選舉，卻不面對人格遭到誤解的問題。我們在第三章談到邦茲（Barry Bonds）在法庭上的答詢，就是如此笨拙，反而被判妨礙司法。

既然諾頓和羅傑斯的研究提到誤導的技巧，那麼我們也可以利用它來中斷閃躲者的誤導。當金恩再次逼問羅姆尼，原先的閃躲就變得十分明顯。事實上，對政客在辯論上的閃躲，有個簡單的解決方法：就是在轉播時，把原本的問題保留在螢幕上。稍微做個改變，很可能就會讓觀眾注意到答詢者是否正在誤導或閃躲。ＣＮＮ電視台現在轉播政治辯論都會把問題保留在螢幕上，其他媒體業者也考慮比照辦理，就是根據羅傑斯和諾頓的研究。

錯誤交易的談判

姑且不提魔術師、扒手和政客，我們來看看真實世界的例子。我最近有個企業客戶參加一場重要談判，準備授權給另一家公司使用它的智慧財產，雙方執行長也就合約條件達成口頭協議。這種智慧財產權的交易通常都很複雜，雙方的律師都必須就合約細節仔細確認。

等到開始擬定合約時，對方卻要求該智慧財產的使用期限比合約指定作品的期限還長。我的客戶完全不了解對方為什麼堅持要延長授權期限，覺得這個要求的目的非常含糊。但那位客人就一直在我客戶面前晃盪這紙價值超過一億美元的合約，堅持授權期限一定要延長，顯示他們對未來這個還沒明說的需求十分在意。乍看之下，這個要求似乎很多餘，對於雙方早已談定的交易目的來說更顯節外生枝。

後來在雙方協調期間，對方團隊某談判代表寄送內部電子郵件時，不小心寄了副本給我客戶公司的執行長。透過那份電郵副本才曉得，原來對方早就侵犯了我客戶公司的智慧財產權，而且是明顯地違法。所以我客戶公司就知道對方要求擴大授權的理由了，那其實是意圖誤導。對方公司藉著談判未來不明確的智慧財產權使用，想要掩飾過去的錯誤。這件事曝光是靠一封傳錯對象的電子郵件，但那其實也不必要。在談判時對方要是提出你不明白的要求，不要以為他們的行為不理性，而是要停下來問自己，這當中或許還有什麼是你不曉得的，那就可以解釋對方為何這麼做，也能知道他們是否在誤導你。

我們接著來看一樁叫做「漢彌爾頓房地產」（Hamilton Real Estate）的模擬談判，這是跟我合著《談判天才》（*Negotiation Genius*）的哈佛商學院同事馬霍特拉（Deepak Malhotra）所寫的。這樁談判是以大片土地的賣家和買家來進行模擬，該土地原本規畫為住宅區，賣家認為未來應該就是如此。但買家曉得土地即將重劃，很可能變更為商業區，如此即有很大的增值空間。

之前提過的我的同事羅傑斯和諾頓，還有吉諾（Francesca Gino）、史威哲（Maurice

Schweitzer）和澤克豪瑟（Richard Zeckhauser）一起研究，買家在這樁模擬談判中閃避某些問題時，會發生什麼狀況。[8]研究人員要求賣家詢問買家：「你會利用那塊房地產進行商業開發嗎？」屬於「迴避」組的買家特別受到指示，要怎麼迴避賣家詢問（例如回答：「你也知道，我們以前只做過住宅開發案。」）。與之對照的是「實說」組的買家，則被要求誠實地針對問題，提供明確的答案。那些受到迴避指導的買家，果然比實話實說的人更能以極低價格買到土地，「迴避」組買家的利潤幾乎多了三分之一。而且買家甚至不必刻意說謊就能迴避問題，你在談判進行時可以判斷他們是否涉及欺騙。

有一樁我個人很喜歡的談判模擬教學，是關於電視節目播映權的談判。這樁談判是要讓授權方和電視台就價格、付款和播映頻率達成協議。我們會給學生一些時間來準備談判，很多人會先擬定好談判議程，例如先談價格，再談付款條件、使用方式和執行等問題。

有組織、有計畫是件好事。我們都曾經開過亂糟糟的會議，搞得大家都快瘋了。但是談判擬定議程，卻特別容易造成誤導。具體來說，這種按照主題分門別類式的談判過程，很可能難以綜觀全局，而無法達成明智的交易。

過去三十年來，談判一直是個熱門話題，如今在管理學院也是最受歡迎的課程之一。在許多簡單而重要的見解裡頭，學生會學到的一點是：在複雜的談判之中，情況往往有許多變化，要是談判雙方在不同主題上各有偏重，也可以透過「交換」來取得利益，也就是說互有進退。學生要學會的是，勿單獨就一個主題來進行談判，而是同時討論和考慮多項主題，由此才能知道雙方各自的著眼點在何處。在商務談判中，可能包括以下主題：

- 效能擔保
- 執行時間
- 付款方式
- 品質
- 合約期限
- 排他性條款
- 支援服務水準
- 還有其他許多……

重要的是，逐條討論式的議程容易造成誤導，讓談判兩造都不能發現有助於達成交易的討論形式。事先擬定好的議程，也可能讓我們忽略議程之外的其他問題。現在我們再回來談那個電視節目模擬談判。按照議程逐一磋商四個主題，讓兩造都把焦點擺在眼前的談判上，卻沒注意到還有第二個節目，賣家的成本不高，但對買家更為有利。要是雙方商談範圍能夠擴大一點，就可以同時為兩造帶來更多價值。

要避免在談判時受到誤導，最好的辦法是設身處地，站在對方立場來思考。在談判時很少人會這麼做，而且要是跟不考慮我們最佳利益的人往來時，設身處地的作法就更重要了。

除了設身處地的思考之外，還有其他能夠避免受到誤導的方法。例如要求開誠布公，一切都攤在陽光下，也是一種避免誤導的方式。你曾經因為對方執行協議，不是以你所理解的方式而感到挫折洩氣嗎？談判者要是心懷不軌，當然就喜歡曖昧模糊，因此清晰透明就是你的最佳防衛。

我就用我談判課程的教學來說明這一點。在模擬談判完成後，參與者都要在黑板上寫下協議。結果我們常常看到的情況是，兩造中的某方寫出談判結果，另一方卻抱怨那跟原先談好的不一樣。他們達成協議不過才十五分鐘，怎麼就如此南轅北轍，而且這種情況還經常發生。我的經驗是，如果只是口頭協議，別無其他白紙黑字的憑據，那個協議其實還是很模糊、很不清楚。在現實世界中，談判者經常握手表示他們已經達成協議，之後隨即要求律師擬定書面協議。但是這時候兩造報予律師的協議內容就常常不太一致。協議剩下來的障礙，就會在律師擬定書面時出現，而談判的人這時候也會發現，原來兩造的理解存有差異。要解決這個問題很簡單，就是在談判中達成協議時，須確認細節，而不是從口頭講述的條件妄加推論。有時談判中這種模稜兩可的含糊不清，就是為了欺騙。

遭到誤導的團隊

在第一章中，我談到「挑戰者號」太空梭在發射前一晚，那場釀成災難的小組會議。各位應該還記得，在決定隔天是否如期升空時，就算是那些非常聰明的人，也只曉得運用眼前的資訊。他們因為專注分析眼前資訊，反而受到誤導，疏忽重要問題：要做出明智決策，真正需要哪些資訊？這樣的誤導在團隊中很常見，跟團隊組成的主要目的就是要避免誤導，正好形成鮮明對比。

組織通常會設置一些跨部會團隊，目的是擴大不同職能的參與，從不同角度提供意見。這種團隊往往才能獲得必要資訊，做出最好的決策。各單位派來參與團隊的成員會掌握一些其他單位不知道的資訊，而這些資訊可能就是各單位對跨部會團隊最重要的貢獻。但不幸的是，團隊成員也經常無法跟其他成員分享這些特有的資訊。為什麼呢？因為在團隊中大家比較關注、熱烈討論的，會是公開分享的資訊，至於沒有分享出來的訊息，只限少數或某位成員所知，團隊往往忽視這種資訊。[9]學術界在早年即曾對這個主題做過研究，史塔瑟（Garold Stasser）和提德斯（William Titus）要求幾名大學生從三位候選人（假想的A、B、C三人）中選出學生會長。當決策者能夠取得所有候選人的資訊時，有六七％的個人和八三％的群組選擇A。[10]

但在第二個模擬狀況中，候選人資訊有些仍是所有群組成員共享，但部分資訊卻不公開分享，只有其中一位成員才曉得。真實世界中大多數群體的資訊本質其實也就是這樣。在這個設定下，只有一位群組成員知道候選人A的正面資訊，因此在成員互相交流資訊之前，大多數群組成員沒什麼理由會支持候選人A，因此在資訊不分享的狀況下，只有二三%的個別群組成員會選擇A。但更有趣的是，後來把成員分為三人一組來進行群體決策，各組也都能接觸到一些公開分享的資訊，但有些特定資訊只有少數成員私下傳遞。這一次的投票結果，這些群組雖然也知道那些未公開分享的資訊，卻只有一八%選擇候選人A。經過多次研究後，史塔瑟和提德斯認為，這是因為群組更常討論那些公開分享的資訊，對於未分享資訊則較少關注。這其實是個相當矛盾的現象，因為群組之所以成立，往往就是為了匯整資訊，但是群組對於個別單位特有或未分享的資訊，卻一直表現出認知上的限制。

在我討論到的群組與資訊關係研究中，群組成員都是以達成最佳決策為目標。不過在現實世界中，並不是所有群體成員都以此為目標。群組成員之間有時也會爆發衝突，因為彼此利益不盡相同，通常也是出於政治因素。也有些群組成員刻意不讓其他成員注意到某些資訊，在這種情況下，就要提防那些刻意誤導。例如精心設定的議程，很可能就排除掉一些重要資訊，而看似極富巧思的PowerPoint簡報，很可能就讓你忘了一個問題：「這個群組要做出最佳決策，真正需要哪些資訊？」但不管是政治或非政治群組，你的目的都應該考慮到這個問題：當你領導團隊時，任務是確保團隊專注在自己的任務上，而且成員都能對團隊真正所需有所貢獻。

看穿誤導

正如我前面所說的，我們都知道要怎麼做出合理的決策：確認目標、確認想達成的幾個條件、衡量各個標準的優先次序、確認選項、分析以得出最佳選擇。當然，這套合理過程也有許多不同版本。而那些意圖誤導我們的人，就是不希望我們依照合理步驟進行決策。他們想劫持我們的思維，操縱我們以遂其私欲。要是你有交涉對手，不管對方是談判者、行銷人員還是政客，要是你理不出頭緒，就要站在對方的立場，設身處地去思考，去了解對方的動機，再據此調整自己的應對步伐。跟那些不會為你考慮最佳利益的人進行互動時，不能把自己限制在對手提供的眼前資訊，而是要去思考對方希望我們怎麼做，又該如何獲得自己真正需要的資訊。唯有當目標變得清晰醒目，我們才能避免魔術師和其他人假借手法的誤導。

| 第六章 |

明顯的滑坡謬誤

馬多夫在變成騙子之前，是一名投資顧問。但是他長期以來，並不是把客戶的錢拿去投資，而是支付給另一名客戶，也就是創造出一個「龐氏騙局」（Ponzi scheme）的老鼠會，並從中掏取資金供自己和家人花用。馬多夫之所以走上詐騙之路，說來有趣。一開始他是在幾筆交易上虧損，其實金額也不是很大，但他需要找點錢來彌補虧損。他對自己的能力相當有信心，相信自己日後可以弭平之前的損失，所以在財務報告上粉飾太平，隱瞞虧損。要是後來的投資能夠順利，馬多夫也許又會成為誠實的人。問題是他後來的投資表現令人失望，結果詐騙也跟著逐級升高到破紀錄的程度。

由於馬多夫的詐騙規模實在驚人，因此獲得媒體大量關注。但媒體報導大都忽略兩件事：第一、馬多夫走下滑坡之際，有一大批厲害角色竟然沒注意到他在作弊；第二、這種逐步升級的敗德模式，是常見的欺詐行為，而且大家常常會忽略。

事實證明，金融界的不法情事，包括許多惡劣交易和安隆醜聞，常常都是在滑坡上每況愈下，越來越嚴重才會爆發。這種模式大家都很熟悉，儘管絕大多數人跟它的利害關係並不大。大錯的鑄成往往是從不起眼的小錯開始，因為想要掩飾小錯，而犯下更大的錯誤。造成錯誤逐步升級，正是因為一開始努力想要掩飾錯誤才越陷越深。以財務會計的熱門話題「盈餘管理」來說，證券交易委員會前主席萊維特（Arthur Levitt）即指出：「財務報表反映出的，往往是管理階層的欲望，而不是公司實際財務表現。」[1]基本上，有些企業經理人也不在意財報是否忠實記錄企業的財務狀況，而是藉短期目標達陣獲取高額紅利，或者捏造財務資訊，操縱股價漲跌，從股票炒作中牟取私利。曾因盈餘管理不當而遭到有罪判決的企業，包括奇異電子（General Electric）、日光（Sunbeam）、勝騰（Cendant）、泰科（Tyco）、朗訊（Lucent）企業，還有最惡名昭彰的安隆。而這些盈餘操縱醜聞中，五大審計公司都是共犯（現在只剩四大，安達信跟著安隆一起破產）。

為什麼會有這麼多組織涉及這種敗德行為？那些社會大眾所信賴，對那些企業進行審計監督的公司怎麼會沒注意到那些敗德行為呢？部分原因正是這些敗德行為都以「滑坡」（slippery slope）模式產生。

最近有許多研究發現人類在判斷上有所偏差，所以才會造成類似錯誤，也因此難以察覺。在這一章中，我首先要介紹滑坡概念，再繼續討論盈餘管理問題。接著我會說明過度自信往往導致不誠實的行動，並探索企業經理人掩飾錯誤的傾向往往越來越嚴重。最後，我會介紹一些消除判斷偏差的方法，以避免疏忽一開始的錯誤及其後的惡化。

忽略滑坡

眼前的變化如果是逐步發生的，我們就經常會忽略。[2] 我們之前介紹過，西蒙斯和查布利斯這兩位心理學家，曾製作大猩猩走進球員間傳球的影片，他們還製作過另一支影片，顯示人類對於逐步變化的疏忽。他們和同事做過一項實驗，是以問路為由，在路上隨意攔下過往行人。[3]當路人有回應時，兩名工作人員會抬著一扇大門，從實驗人員和民眾之間走過，這時原先問路的實驗人員，會躲在那扇門後方一起離開，改由另一名看起來完全不一樣的實驗人員替代上場，繼續面對路人（各位可以在http://www.youtube.com/watch?v=FWSxSQsspiQ 收看這支影片）。被問路的民眾往往沒發現對方已經換人了，還是繼續提供報路資訊。

之後實驗人員會問那些不知情的民眾，剛剛他們在說話時是否注意到什麼變化。大約有一半的民眾完全沒注意到變化。西蒙斯、查布利斯及其同事做過許多實驗，顯示我們常常忽略眼前的變化，上述僅是其中之一。後來還有許多人複製過這些實驗，各位要是到視訊網站YouTube以「change blindness」（變化盲點）做搜尋，就會找到許多相關影片。

為什麼我們會如此盲目？為什麼我們會一次又一次地忽略變化呢？

變化盲點的研究，揭露出我們對於環境資訊的疏忽，已經到了驚人的程度。很不幸的是，我們錯失的資訊未必無關緊要，有些甚至非常重要，也一樣會被忽視。而這樣的疏忽不僅發生在我們眼睛看得見的變化，同時也發生在諸如經濟狀況變化、失業率變化或醫療條件變化等等。甚至社會上一些被賦予責任、應該要注意到那些變化的人也察覺不到。西蒙斯和查布利斯的研究還有一個重要的啟示，就是我們對於逐漸發生的變化特別不容易察覺。也就是說，我們對於「滑坡」特別盲目。

我的優秀同事吉諾在二〇〇九年和我展開一系列研究，探索人類對於不道德行為的接受程度，是否漸進式會高於突然發生者。我們的研究動機是根據一項假設，就是安達信事務所的審計人員之所以沒注意到安隆做假帳，是因為這件事是隨著時間慢慢發展出來的。在這一系列研究中，有一部分參與者要扮演「審查人」，負責糾舉其他參與者所扮演「估價人」的欺騙行為。

我們要求估價人估算，裝著錢幣的玻璃罐中有多少錢。在估價人提出估算值以後，審查人必須決定是否核准其估算。這些玻璃罐中的錢大約是十美元，上下加減幾美分。我們提供估價人金錢上的獎勵，而且是根據他提出的估算值來計算，也就是給予「高估金額」的誘因，只要他們能獲得審查人的核可。而審查人核准估算值以後，也會得到估算值按某個比例計算的獎勵。但是審查人也會接獲警告，要是被隨機抽驗的「超級審查」抓到他們批准非常離譜的估算，也會受到嚴厲處罰。而這樣的過程會在十六回合的實驗中不斷重複。

我們的研究重點是擺在審查人的行為，而不是估價方，特別是審查人對於我們安排的兩種離譜估價方式會有什麼反應。❶「突然改變」組的估價人在前十回合中會進行合理估算，但從第十一回合開始突然大幅高估（達十四美元）；與之相較的「滑坡」組，則是從正確的十美元開始，每次只高估四十美分。從第十一罐到第十六罐，兩個組的審查人被要求審批的估算值都完全一樣，差別只在於估價人是突然故意算錯，或漸進式的滑坡。結果證實，我們這些審查人比較難以拒絕漸進式的高估，至於拒絕突兀的高估則是相對明確。法蘭西斯卡和我把這個現象稱做「**滑坡效應**」（slippery-slope effect）。

我們得到的研究數據跟所謂的「溫水煮青蛙」頗為一致。「溫水煮青蛙」是說，要是拿一鍋沸水煮蛙，青蛙馬上會跳出來；但若是用溫水慢慢加熱，青蛙就不易察覺，結果就被煮熟了。我們很多人也都像那隻倒楣的青蛙一樣，不太容易注意到敗德標準逐漸降低。我們認為這種滑坡效應可以解釋監督者、董事會成員、審計人員及其他相關的第三方對於某些敗德行為的疏忽，儘管這些人都負有監督之責。

要繼續討論盈餘管理問題，還需要一些監督管理上的背景資訊，請各位稍安勿躁。美國證券交易委員會（SEC）負有保護投資人的責任，因此得以要求企業組織確實揭露財務狀況，並致力於創造效率市場得以存在的環境。證券交易委員會也有權力和責任糾舉違反相關法令規定的企業和個人。針對盈餘操縱等問題，美國證券交易委員會的執法是根據「會計和審計法規實施公報」。許多人曾指出，盈餘操縱往往不是有預謀的蓄意詐欺，而是源自動機盲點和過度自信，連續對於會計法規太過積極地詮釋（還記得安達信的鄧肯坦承安然會計作業是在可接受範圍的「邊緣」吧）。因此，那些弊案往往是由原本被認為誠實無欺的人犯下的，而且大家一開始都看不出他們的行為會導致嚴重後果。[4]

雪蘭（Catherine Schrand）和柴克曼（Sarah Zechman）曾描述一位太過自信的企業經理人處於「滑坡以至於詐欺」的過程，為盈餘操縱提供許多證據。[5]這兩位的研究是從一個平常可見的假設狀況開始：某家公司近年來的表現一向不錯，但經理人發現最近可能達不到過去的標準。該經理人可以誠實地揭露這個狀況，或者他也可以稍微「積極」地運用會計操縱，讓公司業績照樣符合標準。這樣的操縱對他來說似乎只是芝麻小事，說不定也具備正當理由，卻違背了行之有年的會計原則立意和精神。他會為自己的行為找到藉口，對盈餘管理採取積極策略，以為下一季再調整回來即可。但他沒考慮到的是，萬一未來表現還是不理想，到時就得坦承自己操縱財報，不然就是要重施故技，甚至做出更大幅度的操縱，才能符合期待並掩飾之前的作為。萬一公司業績持續劣化，那麼他操縱財報可就越陷越深，這個模式必定繼續

❶ 為了創造出我們要讓審查人審批的估算值，我們宣稱，他們的審查會進行兩階段，其中一個階段是其他參與者做的估算值。我們會這麼說，是因為這樣才能操縱第一階段的估算值，但不必欺騙參與實驗的人。

下去，直到犯下嚴重、通常也是違法的錯誤。

為了驗證以上假設是否確實，雪蘭和柴克曼以一九九六至二〇〇三年間，由美國證券交易委員會根據「會計和審計法規實施公報」裁定會計處理失當的四十九家企業進行研究，包括泰科、安隆和南方保健（HealthSouth）等企業均在其中。這些企業被分為兩大類，研究者指出，其中有四分之一是涉及個人因私利蓄意捏造財務數據的詐欺行為，包括浮報營收、隱瞞負債等等。

比較有趣的是，被美國證券交易委員會裁定的弊案，大約有四分之三的企業都是經理人太過樂觀或自信，卻又因為業績不如預期才慢慢越演越烈。不過在這兩種詐欺情事中，針對盈餘管理的調整，都是在公司業績表現不佳時出現。而且在大多數情況下，有證據表明，涉案經理人原本都計畫在下一期的財報上調回正常數據。然而他們的公司後來表現仍未改善，這些經理人的謊言只好越扯越大。這些公司謊報財務數字就是在滑坡上越陷越深，最後成為美國證券交易委員會施以制裁的證據。而這樣的捏造模式，企業的審計人員或董事會通常也不太會注意到。

太過自信

就像雪蘭和柴克曼所言，敗德行為模式往往是從一個不自量力的企業經理人開始。遺憾的是，有越來越多的研究證實，企業經理人和其他組織領導人在做判斷時，往往失之於太過自信。

各位要是想看更多證據，我就以我的教學課程做例子。我在二〇一二年的課程中，經常要求企業經理人學員回答此以下問題。[6] 各位也可以拿張紙出來，寫下自己的答案。以下要問十個不明確的數值，各位可不要刻意去查資料，只要把你認為最適當的答案寫下即可。接著根據你自己的估算值設定上、下限，對於這個估算範圍你必須有九八％的把握。請每一題都作答，就算你認為自己其實完全不懂也沒關係。

1. 二〇一一年全球網站總數。
2. 二〇一二年六月中國牛肉每公斤平均價格（以美元計）。
3. 二〇一二年荷蘭有幾個市政府。
4. 二〇一二年歐洲電子郵件用戶占全球的百分比。
5. 二〇一一年挪威圖書館的借書冊數。
6. 二〇一二年加拿大人口中，六十五歲以上的百分比。
7. 二〇一〇年非美籍民眾到美國觀光的人數。
8. 二〇一〇年全球感染愛滋病毒及罹患愛滋病的人數。

9. 二〇一一年企業用戶收發電子郵件的平均件數。
10. 二〇一一年德國通貨膨脹率。

要是各位真的作答，一定要設定「正確率九八%」的信心範圍。現在各位可以自己檢查一下，有幾個正確答案落在你設定的範圍之內：

1. 五億五千五百萬個。
2. 七・七四美元。
3. 四百一十五個。
4. 二二%。
5. 四百七十萬冊。
6. 一四・八%。
7. 五千九百七十萬人。
8. 三千四百萬人。
9. 一百零五件。
10. 二・三%。

我對那些經理人學員公布答案後，也會提醒他們，要是大家都謹慎作答的話，那麼這些答案有九八%都會落在班上學員設定的範圍裡。然後我問他們，十題的答案都落在自設範圍裡頭的舉手。沒人舉手。再問答對九題的請舉手，非常罕見的狀況下才會看到一位舉手。其實這些經理人所設定的九八%信心範圍，平均只答對了四題。這個時常出現的簡單例證告訴各位，企業經理人對於自己的判斷常常太過自信。[7]

經理人控制了許多企業。而大多數的人也傾向於太過自信，有些專家即主張，**過度自信是所有決策偏見中最重要的一個**。[8] 太過自信讓我們看不見行動的缺點，可能觸發不必要的戰爭、發動對勞資雙方都沒好處的罷工、提起毫無根據的訴訟、貿然投入不應該開設的企業，以及政府代表不知能屈能伸，無法達成最有經濟效益的交易等。太過自信也可以解釋企業併購的頻率為何如此高，事實上那些交易經常失敗。[9] 還有，太過自信也可能讓企業經理人認為公司下一期業績必定表現亮麗，足以彌補本期的失利，進而使他踏上敗德行為的滑坡。

滑坡上的每況愈下

一九九六年十二月，柯茲威爾應用智能公司（Kurzweil Applied Intelligence, KAI）前總裁布雷史崔（Bernard F. Bradstreet）被判刑兩年九個月，釋放後還要監管兩年，並罰款二百三十萬美元，因為他浮報公司營收、捏造假帳和其他紀錄。

柯茲威爾應用智能公司由電腦大師柯茲威爾（Raymond C. Kurzweil）在一九八二年創立。柯茲威爾想吸引創投資金挹注，為他的語音辨識研究做商業開發，因此布雷史崔才進入這家公司。布雷史崔學經歷顯赫，他靠著大學預備軍官訓練團（ROTC）獎學金讀哈佛大學，服役時晉階上尉擔任戰鬥機飛行員，在海軍陸戰隊擔任空戰格鬥教官。退役後重返哈佛讀企管碩士，之後逐漸在商界發跡成為知名生意人，大家都知道他是個好好先生，循規蹈矩，菸酒不沾。於是柯茲威爾在得到創投資金後，將公司托付給布雷史崔，而布雷史崔也不負所托，幹得好生興旺。

布雷史崔踩上滑坡，步步下滑以致鑄下大錯的過程，其實起初也跟許多人一樣。剛開始是某個財務季度即將結束，可是有一位業務員還需要幾天才能搞定買賣，布雷史崔就稍作權宜，提早幾天先把這筆營收登帳計入。但公司不能出貨給客戶，因為對方根本還沒下訂單，因此位於麻州沃爾松（Waltham）的柯茲威爾公司照常出貨，只是把貨物送到附近小鎮的倉庫。這個權宜之計違反一般公認會計原則，通常規定只有在貨品出了公司大門送交客戶，營收才能登帳。不過只要那筆交易最後可以很快達成，提早幾天登帳，其實外界也很難察覺。

柯茲威爾公司的銷售在一九九二年開始走緩，因此布雷史崔放鬆管制，允許銷售提早兩個星期登帳。到了一九九三年，為了達成銷售預期，柯茲威爾公司已經不擇手段，便出現大規模的假帳。然而這些一步一步順著滑坡踩下的敗德行為，柯茲威爾公司的董事會和審計人員卻一直被蒙在鼓裡，毫無察覺。大約是二十年前的一九九六年，布雷史崔被判刑後，美國首席助理司法部長皮爾斯坦（Mark W. Pearlstein）做結論指出：

> 對於我們在證券市場持續鏟除詐欺的努力而言，本案可說是一塊里程碑。今天的判決明白宣示，這樣的犯罪行為絕對不容寬貸。這幾名被告「捏造帳本」，欺騙投資大眾，讓大家以為公司的業務狀況很好。被告造成該公司在公開揭示營收資訊時，於特定時期內嚴重誇大，也誘使不知情的投資人根據被告明知假造的資訊，買進柯茲威爾公司的股票。要維持證券市場正常運作，就必須確保企業財務資訊誠實及完整揭露。膽敢欺瞞投資大眾者，本部必當嚴厲追訴！[10]

不過皮爾斯坦如此信誓旦旦，其實也是太過自信。在他做出如上宣示後，證券市場的詐欺案件不但沒有根除，反倒日新月異地逐步升高，過去二十年來對於企業財務資訊的管理支離破碎，甚至已成為普遍作法。對於那種以謊圓謊，漏洞越挖越大現象的心理研究指出，決策者如果決定採取某種方式行動，那麼日後的決策也傾向於採取同樣方式，繼續執迷不悟。[11]企業經理人不老實地「捏造」銷售、盈餘及其他財務數據後，萬一未來狀況不佳，問題仍然沒解決，他很可能會繼續蒙騙下去。要是問題加劇，他也不太可能承認之前犯下的小錯，即使坦白承認並不會造成太過嚴重的後果。大多數人都不願從實招來，坦然認錯。當我們碰上麻煩的時候，常常會做出更令人吃驚的行為，只求僥倖逃過，不要被活逮。

商業媒體經常報導交易員的胡作非為，往往是在造成銀行虧損幾億甚至幾十億美元後，才會東窗事發，被捕入獄。犖犖大者像是霸菱（Barings）的李森（Nick Leeson）、法國興業（Societe Generale）的柯維爾（Jerome Kerviel），還有最近瑞士銀行（UBS）的阿多波里（Kweku Adoboli）。阿多波里在二〇一一年因為詐欺罪被判刑七年，他的假帳讓瑞士銀行虧損二十三億美元。

然而阿多波里在事發被捕之前，在瑞士銀行可是熠熠明星，戰績輝煌。他二〇〇八年在瑞銀的倫敦辦公室實習，當時負責外匯交易資金櫃台的工作，就讓主管印象極佳。由於瑞士銀行的營業額非常龐大，阿多波里和同事休斯（John Hughes）儘管分別年僅二十八歲和二十六歲，兩人所負責的資金在帳面上卻高達五百億美元。

阿多波里的欺詐早在二〇〇八年就開始，最初是某一筆交易虧損四十萬美元。但他在獲利預期的壓力下，不願承認自己交易失敗，反而偽造結算日期，先做假帳暫時瞞過會計部門，希望日後靠別的交易彌補虧損。可是後來的交易並不像阿多波里所期盼的那麼好，因此在沒人注意的情況下，他的假帳越做越多，之後的兩年半竟然都用相同手法隱瞞虧損。他的確也做過不少賺錢的交易，可是這些交易都是他私自進行，沒有得到上級核准，因此獲利也跟虧損一樣隱藏起來。阿多波里把那些獲利藏在祕密帳戶裡，後來他說這是用來「應急的」。[12]

二〇一一年春季，阿多波里虧損嚴重，他重施故技隱瞞虧損，又在上級未核准的情況下投入更多風險交易，冀望扳回一城。然而這些交易大多數也都失敗，使得虧損日漸擴大。到了二〇一一年九月十四日，紙再也包不住火時，他已經讓銀行虧損二十三億美元。在他的刑事審判中，檢方宣稱阿多波里的虧損額一度高達一百一十八億美元，簡直是要把瑞士銀行賠光。此番事件除了讓瑞士銀行蒙受交易虧損之外，也因為未能控管阿多波里捏造假帳，被英國金融服務管理局裁罰四千七百六十萬美元。[13]這樁敗德行為逐步升高的案件，跟行為倫理學家摩爾（Celia Moore）對李森及柯維爾案件的描述驚人地一致。[14]儘管這些胡作非為的交易員幾乎都是一個樣，銀行業者在體系和制度上卻仍難有改善，未來恐怕還是難以防制類似行為發生。

這種敗德行為越演越烈的模式，可不只限於不實的財務報告，要說到政客，也是一丘之貉，尤其是美國前總統柯林頓（Bill Clinton）和陸文斯基（Monica Lewinsky）緋聞案。這段不正常關係是在一九九八年一月十七日曝光，新聞綜合網站「卓吉報告」（Drudge Report）搶先披露，說《新聞周刊》（*Newsweek*）壓下一篇伊西科夫（Michael Isikoff）關於那件緋聞的驚人報導。[15]四天後的一月二十一日，《華盛頓郵報》（*Washington Post*）成為第一家報導這件事的主流媒體。後來有許多家媒體從多種不同來源獲得消息，把這件事情湊得八九不離十，柯林頓被逮到了。然而他死不承認自己行為失檢，反而在一月二十六日讓問題越演越烈。他帶著妻子希拉蕊一起出席白宮記者會（她是少數相信柯林頓清白的人之一），說了一段對他總統身分可能最具殺傷力的話：「現在，我要回去準備國情咨文。我昨天就為了它工作到很晚。但我想對美國人民說件事，我希望各位仔細聽清楚。我要再次重申：我跟那個女人——陸文斯基小姐，沒有發生性關係。我從來沒叫誰說謊，一次都沒有，也從來沒有。那些指控都是假的。我現在要回去為美國人民工作了。謝謝大家！」

柯林頓死不承認，就是個非常糟糕的決策，而且像他這樣認知能力超高的人也應該知道，必定會有更多證據冒出來，所以他的否認挺讓人驚訝的。然而他的行為表現，幾乎就跟研究揭示敗德行為越演越烈的狀況一模一樣。柯林頓到現在仍然是滑坡效應的總統級代表。

總結

我們往往難以察覺別人行為的滑坡變化，尤其是在倫理性質方面。在我討論的幾樁事件之中，有許多都是道德行為隨著時間逐漸磨損、敗壞。正因為我們往往沒注意到漸進式的變化，因此這個狀況就值得關切。

而那些證據應當足以鼓勵各位，當你在事情進展不順卻執著於同一策略時，就該多加運用更具條理的思考系統二來判斷。你不但要仔細檢驗自己的行為，以確保繼續那麼做是合理的方式，同時也要小心監控自己的行為，不要讓自己踩上心理的滑坡，有朝一日竟然做出自己原本絕不容許的敗德行為。有許多企業經理人做出一些令人難以接受的事情，並不是他們蓄意為之，原先只是想彌補過錯，詎料越陷越深。

此外，要是你的部屬明明無法把事情做好，卻還是執迷於原先的行動，那你就應該小心。至少這時候就要注意了！也許你最後的結論是員工的決策沒錯，但你也會發現，多加關注有助於防制不合理和可能違背道德的行為。

| 第七章 |

注意狗為什麼沒叫

柯南・道爾（Conan Doyle）一八九二年的短篇小說〈名駒銀斑〉（Silver Blaze）中，大偵探福爾摩斯並不是針對那些已經發生的事情抽絲剝繭，而是因為注意到某些沒發生的事才解決疑案。[1] 以下我介紹這篇故事，各位暫時扮演福爾摩斯，看看是否也能得到相同結論。

故事一開頭，福爾摩斯說要去調查一樁命案，死者是馴馬師史崔克（John Straker），而命案發生的同一天，他訓練的馬「銀斑」也失蹤了。那匹純種馬是羅斯上校（Colonel Ross）的，大家都看好牠能贏得即將到來的威賽克斯盃（Wessex Cup）大賽。

福爾摩斯從倫敦趕到命案現場——英格蘭廣袤荒原上的「國王派蘭」（King's Pyland）馬場。途中，福爾摩斯向他的忠實助手華生醫師（Dr. Watson）說明案情。案發當天下雨，大約晚上九點，有一名女傭從史崔克家帶晚餐，準備送到馬廄給照顧賽馬的男孩。半路上，有位衣冠楚楚的紳士向女傭搭訕，跟著她走到馬廄。紳士拿錢收買馬僮杭特（Ned Hunter），想打聽威賽克斯大賽的情報。馬僮杭特拒絕要求，他確定鎖好馬廄後，帶著狗要去趕走紳士，以確定那個男人已離開馬場。但男人卻消失無蹤。

杭特後來帶著狗回到馬廄，隨即向史崔克報告此事。史崔克太太後來對警方說，她先生聽到那名訪客的事情後，晚上一直睡不著覺，大概在半夜一點時又到馬廄去。史崔克太太醒來時，找不到她先生，因此向警方報案而展開搜索。有人發現杭特被下藥迷昏在馬廄裡，「銀斑」也不在牠的柵欄內。另外兩名馬廄男僕睡在草料堆上，說他們都沒聽到任何動靜。

後來史崔克的屍體是在四分之一英里外的荒原上被發現，他躺在窪地上，曾遭受鈍器攻擊，大腿上另有刀傷。他手上握著一把刀，那把刀證實是他自己的，另一隻手抓著一條領巾（等同現在的領帶），而杭特說，那是前天晚上那名訪客的。有證據顯示，爭鬥發生時，銀斑也在那片窪地上，但之後下落不明。

警方查到那天晚上的訪客是辛普森（Fitzroy Simpson），他在倫敦常常賭馬，也曾賭銀斑不會贏。經審訊後，辛普森承認他曾試圖賄賂杭特，打探威賽克斯大賽的消息，但宣稱對後來發生的命案毫不知情。不過警方懷疑是辛普森下藥迷昏杭特，以偷偷打造的鑰匙打開馬廄，偷走那匹賽馬。警方進一步推測，他在半路上碰到史崔克，於是用手杖將史崔克毆打至死，而雙方在打鬥中，史崔克也被他自己的刀子割傷，那是一把非常精美的「眼翳手術刀」。而那匹馬，不是被辛普森藏起來，就是自己跑掉了。另外，在史崔克身上發現的紙片，有一張是倫敦某服裝店開立的昂貴女裝發票。史崔克太太說，她先生有位朋友叫達比謝（Darbyshire），有時他的郵件會寄到史崔克家，猜想那張發票其實是達比謝的。

福爾摩斯雖然也懷疑辛普森，但認為還沒有足夠證據可以定罪，因此在日落後帶著華生前往命案現場，小心翼翼地搜證。福爾摩斯猜想，那匹馬如果是跑掉了，也會躲在附近的馬棚。事實上，福爾摩斯確實發現馬的蹤跡（馬蹄印相符），並追蹤到附近的克普萊頓（Capleton）馬場。福爾摩斯在那裡質問馬場主人布朗（Silas Brown），他的賽馬也要參加威賽克斯大賽。在福爾摩斯窮追不捨之下，布朗承認銀斑自己跑來他的馬場，所以他把那匹馬藏起來，準備等到比賽之後才釋放，希望他自己的賽馬可以因此獲得好成績。華生質疑這個馬廄早就經警方搜索，但福爾摩斯反駁說：「像他這種老狐狸，可是詭計多端。」

讓華生、羅斯上校和警務督察格雷葛里（Gregory）吃驚的是，儘管命案還沒破，福爾摩斯卻說當天晚上就要跟華生返回倫敦。福爾摩斯還對困惑的羅斯上校說，銀斑會如期參加威賽克斯大賽，雖然那匹馬到現在還沒回來。

當馬車即將離開國王派蘭馬場時，福爾摩斯指著草地上幾隻吃草的羊，向某位馬廄男僕問話。男僕說起最近有三隻羊跛了腿，福爾摩斯「搓著兩手，呵呵一笑」，並建議警務督察注意「這個奇怪的流行病」。

格雷葛里督察問福爾摩斯說，有什麼必須特別注意的。

「那天晚上，那隻狗的反應很奇怪。」福爾摩斯回答。

「那隻狗那天晚上沒反應啊。」督察說。

「就是那樣才奇怪。」福爾摩斯說。

四天後，福爾摩斯和華生出席威賽克斯大賽，羅斯上校很驚訝地發現，銀斑的跑道竟然有一匹「棗紅色的高頭大馬」出賽，但牠的額頭並沒有白色斑點。結果那匹馬領先群倫，先馳得點，福爾摩斯才帶著羅斯上校過去看那匹馬，解釋是上校的鄰居布朗把馬藏起來。布朗知道自己的馬廄會被搜索，因此事先把那匹馬額上的白斑塗黑。

接著福爾摩斯揭露命案真相，說殺死史崔克的是銀斑，但牠是為了自衛。根據馬僮被下藥迷昏的事實，福爾摩斯推測那可能是史崔克或他太太幹的。然後他做了最重要的推論：那天晚上偷馬賊進來，馬廄裡的狗卻沒叫，因此睡在馬廄草料堆的兩名男僕也沒驚醒。「很明顯，」福爾摩斯說：「那天晚上進來的人，是狗很熟悉的人。」

福爾摩斯下結論說，史崔克「過著雙重生活」。女裝店那張發票就是個證據，史崔克——而不是達比謝——和一位「品味高貴」的女人有關係。由於負債累累，史崔克準備故意弄傷銀斑，讓牠贏不了比賽，再去押注賭牠不會贏。史崔克在自家廚房對食物下藥，讓馬僮昏睡，半夜牽馬走到遠處的窪地，以免被發現。他用辛普森的領巾綁住馬腿，準備以帶去的眼翳刀偷偷割傷馬腳，這個傷口會很小，別人也不易察覺。福爾摩斯說，史崔克之前一定是拿羊做練習，所以最近有好幾隻羊無緣無故就跛腳了。然而受到驚嚇的銀斑踹倒史崔克，踢破額頭，讓他一命嗚呼。福爾摩斯曾拿著史崔克的照片到倫敦女裝店以供指認，對方確認他是個好客人，買了許多昂貴服飾，但史崔克太太對此毫不知情。

小說中的福爾摩斯對於克服受限認知，做出絕佳示範。正如我之前幾章所說的，我們認知受限最常見的一種情況，就是**很少注意到那些沒發生的事情**。有時沒發生的事情意義更豐富重要，這不只是小說情節而已，在我們周遭生活中也的確可能出現。

要怎麼注意到沒出現的資訊呢？答案是像福爾摩斯一樣，要能聽見那隻沒叫的狗。這就是思考系統二的運作，它要求我們**思考應該要發生的事，然後注意到為什麼沒發生**。事實上，小說中的福爾摩斯比我們大家都更常依賴思考系統二。但就算你沒注意到那隻沒叫的狗，也應該注意到馴馬師口袋那張昂貴華服的奇怪發票吧。培養覺察力，就是學會聽見那隻沒叫的狗，而且也要學會注意那些不合理的事實。覺察會帶來警訊，叫我們要去尋找更多資訊。

再用自己另一個經驗為例來說明。我雖然對於犯罪調查不拿手，但可是一名玩牌高手，特別是在十六歲到二十二歲時。那時候只要是跟撲克牌有關的遊戲，我都很厲害。但我仍精益求精，希望成為橋牌大賽的選手。當時的兩位牌友，現在可是全球公認的橋牌高手。

我二十二歲那年，我們參加比賽常常只得到第二名。當時我正在讀研究所，我知道要是不花那麼多時間在課業上，我們就會贏得比賽。所以啦，橋牌顯然干擾了我的課業，或者說研究所讓我的牌技無法更上一層樓。這兩者之中我必須放棄一個，但我猶豫不定。最後我決定放棄橋牌，此後三十五年我再也沒玩過。

當然我偶爾也會想起橋牌，以及那條沒走過的道路，不是後悔，而是好奇當初如果繼續打下去，會打出什麼成績。也經常有人問我，會不會想再回去打橋牌。我想，答案是否定的。那樣的生活已經不再吸引我，而且我也覺得，現在自己可能不像二十歲時那麼厲害吧，因為腦筋動得沒以前快了。不過我過去三十年都在研究決策和談判，我很好奇，我在學術方面學到的這些，是否會讓我成為更厲害的橋牌高手。要是從這個角度來說，我想不想再玩橋牌呢？那答案是肯定的，而且我現在回想起來，當年在打橋牌時，欠缺的正是福爾摩斯那樣的洞察力。

我現在覺得當年橋牌沒打到頂尖，就是因為做不到像福爾摩斯一樣，能注意到狗沒吠，我打牌時並未注意到對手沒做什麼。橋牌高手必須要能猜出對手拿什麼牌，此外高手也必須從對手「不做的事情」來進行推論，那才是達到高妙境界。如今回想起來，從對手的「不做為」來推論，就是一種技巧啊！可惜我沒有多加磨練。

我可是有好多夥伴，沒學會福爾摩斯這套技巧。有許多研究證實這樣的錯誤很常見，在許多例證中都看得到我們大多數都犯過相同錯誤。

遺漏錯誤

假設你有一〇%的機會感染新品種流行感冒病毒，而唯一可用的疫苗雖然可以防止流感，但也有五%機會引發相同症狀，而且一樣嚴重。那麼，你願意接種這個疫苗嗎？希伯來大學和賓州大學心理學家里托芙（Ilana Ritov）和巴蓉（Jon Baron）在研究中這麼問參與者。大多數都回答：不要。

里托芙和巴蓉的研究發現，我們比較注意採取行動後的不利後果——接種疫苗後有五%罹病，卻不注意沒採取行動有什麼關係，明明不接種疫苗的罹病率是一〇%啊。儘管接種疫苗可降低五%的罹病率，但多數人就是不願意接種。[2] **我們往往把「不要造成傷害」當作第一指導原則，對於行動損害的重視遠高於不行動的後果，這稱為「遺漏偏誤」**（omission bias）。

現在，假設你是聯邦政府的決策者，以下兩項做何選擇：

A 貴國人民要是因車禍死亡，他的心臟必須捐出來拯救他人生命。貴國人民若需要心臟移植，有九〇%可以如願。

B 貴國人民要是因車禍死亡，都不做器官捐贈。貴國人民若需要心臟移植，如願機會是四五%。

如果真的讓你選的話，大多數人都會選擇方案A。這不奇怪，因為方案A比方案B可以拯救更多生命。但大多數人並沒有真的面對這兩個選擇，通常只是被問到是否願意捐出自己的器官。於是原本可以獲得拯救的許多生命，就這麼被忽略掉了，因為大多數人根本沒注意到其中遺漏了什麼。器官捐贈有什麼好處？事實上是功德無量。以美國而言，排隊等候器捐的病患在任何時候都高達五萬人左右，而等不到適合臟器而死亡者預料超過一萬五千人。如果器官捐贈的人數增加一倍，每年都可以拯救成千上萬的民眾，然而我們始終無法做出正確的政策調整。

雖然有效提升器官捐贈的方法的確是有，但這個悲劇還是繼續存在。目前全世界有許多國家（包括奧地利、比利時、法國和瑞典）都假定本國人民遭遇死亡事故時自願捐贈器官，除非你特別聲明「不同意」；相對而言，美國是假定大家都不願意，除非你自己聲明「同意」。假如美國政策修改為以「同意」器捐為預設，除非聲明「不同意」，那麼器捐人數馬上大幅增加。強森（Eric Johnson）和高史丹（Dan Goldstein）的巧妙實證研究，即證實了這一點。歐美國家採取「加入」式制度的器捐比例，大概是在四％至二八％不等；而採用「退出」式制度者，則高達八六％至一〇〇％。

美國的聯邦器捐政策，為什麼不採用歐洲最成功的範例？證據顯示，我們所關注的是行動帶來的傷害（想到器官被摘除的情緒影響），卻完全忽略不行動的後果（每年有成千上萬人本來不會死）。上述的選項呈現，是讓各位都能明白正反雙方的成本，而且讓你能夠想像自己既可能成為捐贈者也可能是器捐受益人。各位現在大概都能看出，決策者對此不採取行動是多大的錯誤。但很不幸的是，像這樣偏重於行動傷害、而無視不行動後果的愚蠢政策（或者說是政策遺漏）一直都很多，儘管存在更好的方法、甚至也是眾所皆知，卻仍然毫無長進。更廣泛地說，我們只注意到那些反對派的「狗叫」（意見），卻沒注意到不採取行動將帶來什麼傷害，遑論對此有所作為。

「加入」和「退出」式的區別，還有器官捐贈等相關資訊，早都經媒體廣泛報導，很多人也都很清楚。批評者擔心，如果這兩個選項明顯地擺在大家面前，民眾很可能在不知不覺間被引導去做一些自己本來並不願意做的事。我個人並不同意這種憂慮，但我認為至少可以要求民眾做一次選擇，看他們是否自願參與器捐。只要在下一次換發駕照時做個簡單的詢問，就能解決這個問題。這個選擇機會至少可以強迫我們，必須注意這個非常重要的決定。

沒出聲的落選學生

現在我們來看看現行常春藤盟校招生的兩種方式：

1. 積極行動方案。
2. 人脈充沛的富裕家庭子弟，以及菁英高中的畢業生。

很多人大概都曉得，所謂積極行動（affirmative action）說的是教育平權計畫，主要是為了增加學生的多樣性，通常是指種族上的開放，這可能是因為法院對於入學作業的挑戰所致，其中包括二〇一三年最高法院的判決。然而甚為有趣的是，我們很多人都不知道，其實美國主要大學，包括常春藤盟校，都實施一種很不一樣的積極行動方案，幫助特權人士入學。

大學教育是一種菁英教育，但許多優秀大學實施的積極行動方案，主導方式卻是「餘蔭招生」（legacy admissions），也就是為校友、捐助人和其他人脈寬廣的社會人士子女大開方便之門，這些資質較差的學生反而擠掉資質優異者的名額。[3] 菁英學府實施餘蔭入學的明顯後果，就是資質較差的特權階級更容易入學，而資質較佳的平民百姓被摒除在外。根據《高等教育紀事報》記者施密特（Peter Schmidt）指出，常春藤盟校大多數的大一新生，仰賴餘蔭方案入學的比例可達一〇％至一五％。[4]就算是納稅人出錢的公立大學，例如維吉尼亞大學，也有餘蔭制度。

許多大學官員低估餘蔭招生的影響，認為這些學生的資質也都符合標準。然而經過仔細分析，情況並非如此。雖然有些餘蔭生的確不遜於其他入學生，但根據美國教育部一份報告結論指出，具代表性的哈佛大學餘蔭生「顯然不太合格」，除了體育之外，在各個領域都不及非餘蔭生。[5]普林斯頓大學教授艾斯潘雪德（Thomas Espenshade）專門研究高等教育招生的多樣性，他認為如果家長是校友，等於學術能力測驗（SAT）加了一百六十分（總分一千六百分）。[6]哈佛教育研究所博士生荷維茲（Michael Hurvitz）則表示，以哈佛及其他知名大學的入學機會來說，如果其他因素不變，校友子女的入學機會高出四〇％以上（換句話說，只須達到一五％的學術條件，整體即有五〇％以上的入學機會）。[7]

所以，大學官員談到餘蔭入學，還說什麼「資質相當」，不是不誠實，就是根本不理解。不然這些人很可能就是因為某些好處導致「動機盲點」。大學維持餘蔭招生的優點是很明顯的。接受那些身家富裕而忠誠的校友女子入學，儘管其資質是在標準的邊緣，但未來可指望捐款增加。至於貧窮或中等收入家庭的子女入學，結果也是可以預期，就是不會帶來捐款。大學當局為了合理化那些作法，就說那些捐款也可以用來幫助清寒子弟。

我深深地相信（也希望），若干年後我們回頭一看，肯定會嚇一跳，因為美國知名學府到了二十一世紀，竟然還繼續實施這種菁英主義和種族主義的入學政策。當時會出現餘蔭政策的年代，是社會普遍認為特權階級才有資格就讀耶魯、普林斯頓或哈佛等菁英大學。那些至今還標榜維護傳統、支持餘蔭入學的人都應該要知道，餘蔭政策是在一九〇〇年代初期建立，當時就是為了控管新移民，如猶太人子女的入學人數不要太高。[8]我相信大學的主事者大都是出於善意，可是看到高等學府到現在還接受種族主義、菁英政策，實在令人不安。這引出一個明顯的問題：頂尖大學這種不符道德的政策，為何不曾引發軒然大波呢？

答案很簡單：因為這些政策到底引發了什麼危害，顯得模糊不清，外界也就難以察覺。大學餘蔭入學人數越來越多，其他菁英學生慢慢地、逐漸地遭到摒棄。但這些政策受害者沒有「聲音」，大家根本聽不到。也就是說，雖然是資質差的學生擠掉資優學生的名額，但到底是誰被擠掉了，其實大家也不清楚。當然，要是知道自己名額被搶掉，肯定很不爽，但我們為什麼沒聽到他們抱怨生氣呢？因為他們根本就不知道自己是因為那個原因才被拒絕入學，連他們自己都不知道，我們就更不曉得啦。

各位可以想像一下，要是大學招生稍微做個改變，提高一點透明度。比方說，要是大學必須公布那些資質不合格、卻由後門插隊的特權學生，我想如此一來，餘蔭入學的不光彩公諸於世，大家也就能看見其中的不合理，那些被搶掉名額的學生和媒體馬上就會齊聲怒吼，而整個制度也就非改不可了。

咱們做個交易

談過小說中的狗、有所偏倚的入學政策之後，現在假設你要參加一場競賽遊戲節目。以下我要介紹三種稍有不同的節目進行方式，請注意。第一種方式，節目主持人明蒙蒂（Mean Monty）會讓你選擇A、B、C三道門。這三道門的後方都有獎品，其中一個是大獎，例如新車一輛，另外兩個則是家禽、家畜之類的安慰獎。各位如果看過此類電視節目，大概都曉得主持人一定知道哪道門後是汽車。各位也知道，因為製作經費的關係，他肯定不想讓來賓贏得汽車大獎。因此來賓要是挑中汽車那道門，主持人不會馬上把它打開，反而是打開另一道門，揭露門後的安慰獎，再問來賓要不要跟最後那道沒打開的門交換。要是來賓第一次選擇的門後就是安慰獎，主持人會馬上打開，大家就會看到一隻動物從門後走出來。

現在換你來玩這個遊戲。主持人叫你挑選一道門，你選A。然後他打開B門，讓你知道你沒贏得的獎品是什麼，結果走出一頭羊。你好高興！主持人這時候告訴你，你要保留A門的獎品，還是跟C門交換呢？

你不但不應該交換，而且應該對自己選擇A門感到非常、非常慶幸。因為主持人沒馬上打開A門，讓你看到後頭是隻羊，就表示後面的獎品必定價值甚高。主持人不打開那道門，肯定是不想讓你贏得那輛汽車嘛。要是那後頭是隻動物，他大可直接開門，讓後頭的小豬亮相。所以他為什麼不這樣做呢？因為A門後頭就是汽車。各位請注意，思考節目主持人沒做的事，也能提供你正確決策。

這個例子很多人大概都挺熟悉，尤其是比較年長的美國人。它其實是一個電視節目的變化版（而且其中的差異很重要），也就是美國競賽節目《咱們做個交易》（*Let's Make a Deal*），由哈爾（Monty Hall）主持。這個節目在無線電視台從一九六三年播到一九七六年，後來在一九八〇年代又有人再次嘗試，但並未造成熱潮。

我前面說的那個變化版，跟原來的節目有一些明顯的差異。我說的第一個版本中，《咱們做個交易》會讓競賽者從三道門中選擇一個，他們都曉得其中一道門是大獎，另外兩道門則是「安慰獎」。一旦來賓選好一道門以後，主持人常常（但不一定會）打開另外一道門，再問來賓要不要跟最後那道門交換。重要差異在於，儘管許多學者想找出主持人的決策根據，在第一道門被選中之後是否打開另一道門，但大家還是不曉得其中是不是有什麼法則可循（因為那個節目沒留下足夠的錄影來做研究）。這就跟我所說的第一種版本不同，我們都不知道主持人的動機何在。

這樣可能有點混亂，我再說明一下前面說的這兩種版本。在第一個版本中，來賓選定一道門以後，主持人有時候會打開另一道門（而且門後一定是個安慰獎），然後問來賓要不要跟沒打開的最後那道門做交換。他的動機是想讓來賓改變原來的選擇，以免他贏得新車。第二個版本，也就是《咱們做個交易》中，主持人有時候也會打開第二道門，但不清楚他的決策法則為何，說不定讓來賓贏得大獎，節目變得比較精彩，也可以提高收視率。現在我們再來看第三個版本，這是學術界的版本。

少數讀者也許依稀記得，以前看過這個頭腦體操的問題，而且聽過的正確答案是，當主持人問你要不要換時，一定要換。那個節目停播之後多年，統計學家、經濟學家和媒體記者都認為，競賽來賓要是選擇不換，通常都是錯的。[9] 他們的推論是基於以下假設：主持人一定知道汽車大獎是哪個，也總是打開一個安慰獎的門，再問來賓願不願意交換。在這些條件下，他們的建議是根據統計：當來賓一開始挑選一道門，他贏得大獎的機會是三分之一。當主持人打開另一扇門，揭露裡頭是安慰獎時，那個三分之一中大獎的機會還是沒變。來賓原本選擇贏得大獎的機會還是三分之一。但就統計角度來說，大獎落在那扇來賓並未挑選、如今還關著的門後的機會卻變成三分之二。因為有一扇門已經打開，證實後面是個安慰獎，所以它的機會就由未開啟也未被挑選的門所囊括。這就專家建議來賓一定要同意交換的數學論證。專家指出，如果同意交換的話，勝算就會從三分之一提高為三分之二。[10]

專家當然有他們的數學說法。但這樣是否完全回答了這個問題呢？

對我們的目的而言，關鍵在於主持人是具備動機的積極決策者，我們要根據這個條件來思考結果會是什麼，也要注意他有時候不做的事情代表什麼意思。主持人會打開另一道來賓沒選中的門，而且後頭一定是安慰獎，這對專家的假設來說，是進行分析的重要元素，而且是結論建議來賓一定要交換的核心根據。但是在《咱們做個交易》節目中，主持人並不一定會打開揭示安慰獎的門。我們在這一節開始的問題是說，主持人知道大獎何在，而且他會避免來賓贏得大獎，因此導向完全不同的分析和結論。正如我們之前所說的，在那個版本中，是建議來賓不要交換。

《咱們做個交易》這個節目要重返電視台的機會很小（我們之中可能有些人覺得很遺憾），而且我們不知道主持人哈爾在遊戲中的決策法則，也欠缺足夠的錄影檔案做分析，來判斷參賽來賓應該怎麼辦才好。但是在我們討論的這三個版本中，我們已經指出不但要注意主持人做了什麼，也要注意他沒做什麼，這是同等的重要。我們可以肯定地斷言，能夠像福爾摩斯那樣思考的來賓，絕對更有機會把新車開回家。

分析沒發生的事

要在特定狀況下分析沒發生的事情，就認知而言很不容易，因為要這麼思考對人類來說並不「直觀」。然而，這種思考放在策略脈絡下顯得特別有價值，也就是說，我們要常常去思考其他人的決策（第九章會有更多討論）。

現在假設你要買輛二手車。你找到一輛中意的，但你又擔心自己不懂車子，不曉得引擎狀況等問題。賣家很友善地告訴你，她這輛車賣了一個月，有幾個人來看過車子，但還沒有人出價。因為她馬上要出門遠行，所以願意以低於二手車商估價的兩千美元賣出。你會接受這個價格嗎？

在你回答這個問題時，有沒有注意到賣家沒有親朋好友買她的車，而且有些人來看過車子卻也沒報價嗎？像這樣的事情都能傳達出有價值的資訊。有些原因你現在可能看不到，但這輛車子的狀況可能不是很好。因此，**能夠注意到沒發生的事情，就是做出較佳決策的關鍵**。這個教訓是說，要是有些事情好得不像是真的，最好就要考慮一下那些沒發生的事情。除了那些會吠的狗之外，我們也要注意狗為什麼沒叫。

| 第八章 |

這狀況有點不對勁
或者說，好得不像是真的……

假設有個拍賣網站，它的銷售價格一直是驚人的低廉。顧客用三十五・八六美元就買到原價一千七百九十九美元的蘋果電腦MacBook Pro，尼康（Nikon）數位單眼相機只要十六・〇三美元、iPod一台十五美元等等。這個網站會吸引你嗎？不是只有你啊！那種「付費競標」（penny auctions）網站的成交價，的確吸引許多顧客的注意。

「付費競標」是這麼運作的。在參與競標之前，投標人必須購買點數，必須有點數才能參與競標。以最早經營付費競標的德國網站史威寶（Swoopo）來說，競標點數單價六十美分，也就是每次競標要花六十美分。要是四十美元不到就能購得蘋果筆記型電腦的話，這個成本並不高。競標點數是以「競標包」的形式販售，大概就是一次購買二十五點、四十點、一百五十點或者一千點。拍賣品都以一美分起標，每次加價也是一美分，直到時間結束。不過，要是有人投標的話，拍賣時間會自動延長二十秒，直到二十秒內再也無人投標才會停止。如何，還是有興趣嗎？

付費競標聽起來也許真的很誘人，但要是有哪位讀者讀了我這本書（甚至只是這一章）還去參加這種競標的話，我可就覺得很丟臉囉。我們現在就以蘋果筆記型電腦MacBook來計算一下。有一份針對史威寶的分析報告指出，原價一千七百九十九美元的MacBook，是可以用一千三百四十九美元買到，但這個價格比史威寶網站上有人以三十五・八六美元得標的超低價高出許多。[1] MacBook成交價三十五・八六美元，表示曾經出價三千五百八十六次，以每次出價六十美分計算，出價費總共是二千一百五十一美元。再加上成交價，史威寶賣出那台MacBook總共獲利二千一百八十九・四六美元。當然，有些人可能只出價幾次，就撿到這個大便宜，這是可能的。但假設要是有兩、三個人都想以低價買到電腦，而一直在搶標，使得成交價一路被抬高到一千美元，那麼光是出價費，史威寶就賺了六萬美元。

針對拍賣的經濟機制和心理過程，現在都有大量的研究。如今也有許多奇怪而有趣的拍賣形式，都很能夠觸發我們一些心理反應。因此拍賣也是個絕佳的觀察對象，從拍賣過程中可以看出參與者注意到和疏忽些什麼。

假設各位跟其他八十五位專業人士同在一間教室內，我是各位的老師，我拿出一張一百元鈔票，然後這麼說：

> 我準備拍賣這張百元大鈔，各位可以自由出價，或者作壁上觀。請各位以五的倍數來出價，直到沒人競標的時候，就由出價最高者以其標價贏得這張百元鈔票。不過這次拍賣跟傳統拍賣不同的是，出價最高者贏得競標，但出價第二高的人也要如數付錢，雖然他沒有得標。比方說，湯姆出價十五元、莎莉出價二十元，剛好競標結束了，我就給莎莉八十元（一百元扣除二十元），但第二高價湯姆也要付給我十五元。
>
> 各位願意出價五元開始競標嗎？

這種通常被稱為「兩人付款拍賣」（two-pay auction）的拍賣形式，由舒比克（Martin Shubik）發明，並在一九七一年發表研究論文。[2]不過我常常把它的規則做些微修改，而且舒比克原本說的一元拍賣，為了執行方便，我把拍賣金額提高一些。事實上，我在過去三十年來，已經主持過五百次以上二十美元及一百美元的拍賣。

二千五百多位參加過我決策和談判課程的經理人學員應該都記得，這個拍賣儀式剛開始的情況大概都差不多。[1]拍賣百元大鈔，一開始大家都熱情參與，價格很快抬升，直到喊價達到六十元到八十元的範圍。到了這個時候，除了喊價最高的兩個人之外，大概都不會有人投入戰局，而這兩位競標人大概也知道自己被套住了。但是出價六十元那一位還是會喊出七十元，以壓過另一位喊出的六十五元。六十五元的競標者，現在要是不喊七十五元，就得損失六十五元。儘管喊出七十五元是否就會贏也不知道，但至少是比六十五元認輸要好吧！所以六十五元那位又會喊出七十五元。就這樣輪番上陣，一直到雙方喊價達到九十五元和一百元。

喊出九十五元的投標人對於是否要繼續出價一百零五元，其決策跟先前也差不多。他現在考慮的是，如果不出價就得接受九十五元的損失，或者是期待對方知難而退，那他可以減少自己的損失。當競標價超過一百元時，大家都會覺得很有趣，也感覺很奇怪。但得標價通常都會超過一百元。不過這個錯誤是在什麼時候發生的呢？

仔細分析這個拍賣遊戲，出價人等於是為自己製造問題。當你認為自己要出更高價來逼對方出場時，對方大概也是這麼想，雙方一路纏鬥下去的結果應該就是一場「災難」，得標者和第二高標者最後付出的錢，往往是原本競標金額的好幾倍。在我主持的五百場以上拍賣經驗中，大家都是勇猛善戰窮追不捨，沒有哪個競標者會占到便宜，這些學員反而總共損失了好幾萬美元。❷我拍賣的二十美元鈔票曾經賣了四百美元，百元美鈔也曾賣到超過一千美元。

如果不是我設下陷阱的話，我對參與拍賣的競標人有什麼建議呢？跟戰爭的時候一樣，有時候退場旁觀就是最佳策略。成功的決策者會注意到，某些狀況下不要採取行動才是正確作法。關鍵就是要能看出這是個陷阱，就算是再小的金額都不要喊。更廣泛來說，理性決策的方法就是要考慮到其他相關決策者的想法。就我的百元大鈔拍賣會來說，這種方法馬上就告訴你，你覺得這個拍賣很有吸引力，別人也是如此。有鑑於此，你應該就會知道結果會變成怎樣，因此最好就不要加入戰局。

史威寶的作法是「兩人付款拍賣」的改造版，變成一種更險惡的「所有人都要出錢」（或

❶ 有些早期學員會記得，我拍賣的是二十美元鈔票，每次加碼一美元。不過大概是在二〇〇五年，我開始改拍賣百元鈔。

❷ 這些錢都捐給慈善機構，或者買飲料請課程學員喝。不過在拍賣時，大家並不曉得會這樣處理。

者每次出價都要錢）的形式。史威寶創立於二〇〇五年，原本叫「電子競拍」（Telebid），但因作法極受爭議，有人認為這門生意極不正當，有人說是大騙局，甚至被指為「線上拍賣的毒品」。[3]二〇一二年一月，史威寶已由另一家付費競標網站「DealDash」併購。事實上，現在網路上還有幾十家「全付款」（all-pay）拍賣網站，提供一些令人難以置信的交易。而它們也的確有理由讓你不要相信。很多批評者認為，這類網站實際上就是在搞賭博，理應由政府介入，實施更嚴格的監管。而那些全付款網拍業者則都說自己做的是娛樂事業。

研究人員卡梅尼加（Emir Kamenica）和泰勒（Richard Thaler）觀察了二十六場史威寶一千美元支票拍賣（沒錯，史威寶常常拍賣現金）。[4]每次拍賣一千美元，史威寶平均可以賺到二千四百五十二美元。在那二十六場拍賣中，占到便宜的得標者只有兩位，其他二十幾位得標人都賠錢（這些人原本也想進去撈一票）。只有最後才出價的人是贏家。加州柏克萊大學經濟學家奧根布里克（Ned Augenblick）預估指出，史威寶收到的錢，平均比拍賣品定價超出五〇%。[5]

此類拍賣中競標者犯下的這些錯誤，我們要怎麼解釋呢？歷經幾百場二十元鈔和百元鈔拍賣，並在拍賣結束後和參與競價的經理人學員討論過，我的經驗是，這些競標者通常都會出現三個錯誤。

首先，他們沒記取老生常談的「設身處地」，站在別人的角度來思考。在百元美鈔的拍賣中——事實上在任何拍賣中都一樣——都必須考慮其他競標者的動機，這很重要。在我的和史威寶的拍賣中，只要你能想到其他競標者會怎麼想，馬上就會知道這筆交易沒便宜好占。

假設你要競標一台蘋果MacBook，準備在價格達到二十美元以後進場，預定投標次數限於三十次。這樣的話，你在競標點數的損失就控制在十八美元以內。那麼，其他競標者會怎麼想？要是別的競標者也打算在二十美元開始進場投標，他說不定也會採取類似策略。所以到了最後，你可能還是贏不到電腦，只是為全付款拍賣網站白白奉送十八美元而已。況且此類拍賣如果管理鬆散，說不定還會串通打假球，假扮路人甲跟你競爭，蓄意抬高標價，以確保網站的利益。

其次，就算你事先預定好競標次數，到最後往往也會超越自己設定的界限。為何如此？就只是為了證明自己參加拍賣不是錯誤的決策。那些參加我二十元鈔和百元鈔拍賣方的經理人，往往在第二高標就得付錢的逼迫下，一次又一次地喊價，不肯低頭認虧。通常就是在兩位或更多位競標者搏命演出時，標價才真正開始精彩。

第三，我們大多數人一旦置身拍賣，就跟史威寶的競標者一樣，常常就會感受到一股不計成本、一定要贏的非理性欲望。

在這三種常見錯誤的加持下，我對自己繼續成功扮演拍賣師非常樂觀，但對參加我的或任何全付款拍賣的競標者下場則是相當悲觀。

要如何避免成為拍賣陷阱的受害者？首先，回想一下本章副標「或者說，好得不像是真的……」。不管什麼時候，讓你覺得好得難以相信，就應該要懷疑。接下來我要分析的是，營利企業舉行這種拍賣的原因。為什麼那些公司老闆願意用四十美元這樣的低價，來拍賣蘋果「MacBook」？要是懂得問自己：「為什麼這個網站要以如此低價提供這些商品？」付費競標拍賣的參與者必定可以得到一些提示。課堂上的教授也許花點小錢，在教室中做些奇特的示範，這還可以想像；但是一家營利企業不太可能有這樣的動機。「好得不像是真的」就是最好的警訊，應該可以幫助你避開那些狡猾的陷阱。

這買賣好到不像是真的

現在假設你是一位投資顧問，工作之一是為客戶找到投資機會。多年來，你推薦給客戶的投資機會中，有一檔投資表現特別突出，不但績效領先大盤，而且風險低到令人驚訝。那家基金幾年來都保持穩定，就算市場大跌照樣堅挺昂揚。該基金的領導人在業界也是備受尊重，而你的客戶對於投資報酬都非常滿意。你的收入是投資金額的二%，如果投資賺錢還能再分紅二〇%，光是這支基金帶給你的利潤，遠超過其他投資推薦。這狀況你覺得怎樣？

讓我們再添加一些細節。金融專家認為，像這支基金這樣價格不太波動，又能長期持續大幅地贏過大盤，是不可能的。此外，美國證券交易委員會也已多次調查該基金。

對了，順便說一下，主持這支基金的人名叫馬多夫。

現在知道當初販售馬多夫基金的投顧公司，有幾家根本就是騙子，他們很清楚這基金表現得太好了，不可能是玩真的，另外還有許多投顧業者則是完全沒注意到馬多夫的投資報酬有問題。馬多夫的投資過去三十年來大都來自「餵食基金」（feeder funds），也就是其他投顧業者創立基金，標榜投資馬多夫或採用某些國外投資策略來集資。事實上，他們什麼也沒做，只是把籌來的大多數甚至全部資金，轉交給馬多夫，如此而已。這些基金業務員都像個仲介而已，而且是領很多錢的仲介。因為馬多夫做假帳，說自己的投資有多麼成功，所以仲介也跟著大抽油水。

馬多夫無疑是個小偷。他的龐氏騙局老鼠會造成龐大損失，六百四十八億美元的紙上財富就這麼一筆勾銷。但他那些仲介買賣的業務是否也是小偷呢？有充分證據顯示，不少仲介人發現裡頭是有些不對勁，而有些證據其實也都找得到，但他們都欠缺動機去深入探查。我們就以AIAM國際投顧（Access International Advisors and Marketers）執行長德拉維勒謝（Rene-Thierry Magon de la Villehuchet）為例。他投資自己的錢、家族的錢，還有歐洲富豪的錢給馬多夫。曾有人多次警告他要注意馬多夫，而且有充分證據顯示馬多夫的投資報酬根本不可信，可是他對那些如山鐵證一概視而不見，因為他就是想要相信馬多夫、想要獲得那些報酬。馬多夫自首後兩個星期，德拉維勒謝在他位於紐約的辦公室自殺身亡。這個悲劇所展示的，就是人類忽視他人敗德行為的警訊，具備驚人的能力。

事實上，沒注意到馬多夫只是在搞騙局的人，排起來可是一長列的名單，包括一些個人投資者、大型投資公司，以馬多夫投資為賣點的「餵食基金」，而且當中很多人其實都具備高深的金融知識。那些企業裡都有許多企管碩士，也有很多人具備金融專業證照。這份名單甚至包括美國證券交易委員會，就是那個我們賴以監管類似馬多夫企業的政府機關。然而儘管有那麼多異常現象，吹噓造假到如此地步，馬多夫提交證券交易委員會的財報甚至前言不對後語，其資金運作之詭譎神祕已是史無前例，華爾街對此也有許多臆測和傳聞，但那些人和組織就是沒注意到馬多夫犯下滔天大罪。

他們為什麼都沒有注意到？很多人是不想注意，對外界抱持正面的幻想，或者是只想把世界看成他們希望的樣子，也就受騙上當了。投資馬多夫的人，那種正面幻想簡直難以克制。而我們也知道，人們往往不會注意到逐漸發生的敗德行為，因此這個騙局如果是長時間，尤其像是在滑坡上慢慢下滑，那麼很多人就不會注意到投資報酬不對勁。很多人看到投資報酬年年二〇%，或者蘋果筆記型電腦只要四十美元就雀躍不已，根本不想想對方的承諾有多離譜。

曾經關注過這條新聞的人大概會記得，的確有人注意到馬多夫的投資報酬不可信。有一位獨立的金融弊案調查員馬可波羅斯（Harry Markopolos）就多次向美國證券交易委員會舉報，認為馬多夫的投資報酬不可能來自合法途徑。[6] 但馬可波羅斯說他也還沒搞清楚，馬多夫是在搞龐氏騙局老鼠會，還是串通其他投資公司做內線交易，涉嫌「偷跑」（front-running）。所謂

「偷跑」就是在客戶買進、賣出前，透過內線消息，搶先一步行動（「偷跑」雖然同樣違法，但對投資人來說，老鼠會只會害死大家，而「偷跑」卻可以讓投資人得利）。

從一九九九年到馬多夫被捕，馬可波羅斯總共向美國證券交易委員會警告五次。他在二○○五年出版的著作中提出大量疑點，同時還附上他提供證券交易委員會的三十五頁報告。他的書也明確指出，到了二○○五年時，他認為馬多夫應該是在搞老鼠會，而比較不可能是內線交易「偷跑」。那麼，美國證券交易委員會為何不注意馬可波羅斯的警告呢？

記者亨利克絲（Diana Henriques）在她的精闢著作《謊言大師》（*The Wizard of Lies*）中，也談到馬可波羅斯自己的認知限制。她說馬可波羅斯提交美國證券交易委員會的證據顯得太過複雜，最多只是讓人感到困惑而已，他提出的那些證據彷彿是在展示自己高人一等，而不是為了證明馬多夫胡作非為。馬可波羅斯對馬多夫的犯罪分析雖說太過複雜，但從馬多夫交易的另一邊其實就能得到簡單明瞭的證據。

馬多夫為了說服美國證券交易委員會他確實進行交易，因此提供存託結算公司（Depository Trust and Clearing Corporation, DTCC）的偽造文件，宣稱該公司保存了所有的交易紀錄。要是馬可波羅斯認定馬多夫在搞老鼠會，那麼他不必提交什麼複雜的技術分析，只須建議美國證券交易委員會打通電話詢問存託結算公司，即可確認馬多夫是否真的做交易。[7] 打通電話過去問，這個龐氏騙局馬上就破功。而且也有證據顯示，馬多夫一直以為自己會被活逮，因為他在存託結算公司根本就沒有交易文件。可是馬可波羅斯從沒提出這個建議，而美國證券交易委員會也沒想到要打電話去問。

正因為他喜歡把事情說得很複雜而不是明瞭（更別說是簡單），就揭發馬多夫弊案而言，馬可波羅斯可說是個倒楣的信差。我們大概都曉得，要讓別人關注你帶來的資訊，至少要讓他有興趣聽你說。簡單說，能夠討人喜歡的話，就能幫助訊息傳遞。美國證券交易委員會裡的員工是犯下不幸的錯誤，但他們更不想和馬可波羅斯有任何瓜葛。他們說他傲慢無禮，自以為高高在上，證交會的女性員工更是痛批他性別歧視。馬可波羅斯自己寫的回憶錄，重點沒擺在馬多夫事件，反而說起他跟未婚妻的談判，說是不要送鑽戒而改送隆乳手術，這樣對雙方都有好處。[8] 所以書名叫做《沒人聽我說》（*No One Would Listen*），大概也就不奇怪。他就是不知道自己在人際往來上有問題，才無法早一點揭發馬多夫。亨利克絲這個看法很有說服力。

所以這整件事有兩點值得注意。第一、馬多夫的投資報酬率高得不像是真的，美國證券交易委員會應該要注意到；第二、要是你已經注意到，而且想要告訴別人，就該設身處地站在別人立場來設想。馬可波羅斯必須做到這一點，他的訊息才會被聽見。

沒注意到金融崩潰的原因

在一九八〇和九〇年代，美國政客和抵押貸款機構房利美（Fannie Mae）和房地美（Freddie

Mac）合作，幫助民眾買房子，達成住者有其屋，結果大都是以降低標準來提供貸款。[9] 當時提案的政客，包括柯林頓在內的許多人，其實也都是出於好意，他們是想幫助更多人擁有自己的房子。這個政策通常也還不錯，如果房價只漲不跌的話。但這顯然好得不像是真的吧。

房利美和房地美的業務，是收購其他抵押貸款機構承作的抵押債權，重新包裝後再轉賣給大眾。房利美和房地美在組織上更是奇特，它們都擁有私人股東，但它們的抵押債權實際上也都獲得聯邦政府擔保。因為政府提倡住者有其屋，而且聯邦政府就像是它們的安全網，房利美和房地美可以為股東創造豐厚報酬，萬一出現巨額的呆帳虧損，還能推給全體納稅人負擔。

由於長久以來房地產都是不錯的投資，而且現在貸款越來越容易，所以有更多財務狀況不好的人也都買了房子。房利美在執行長強森（James Johnson）帶領下，積極鼓吹修改法律，降低監督管理的束縛，讓它（還有房地美）擁有更靈活的運作空間。強森資助遊說來鼓舞市場，倡議修改監管規定，降低自備款和貸款資格審查，並且開發初期低利的貸款新招（但預料時間一久利率還是會升高）。寬鬆的放貸審核、巧妙設計的貸款方式（次級貸款），再加上複雜的契約文件和主管機關的疏忽，貸款買房蔚為熱潮，但這些屋主要是生活碰上麻煩或經濟環境略有起伏，馬上就還不起貸款。

大型抵押貸款機構，如美國國家金融服務公司（Countrywide）等都僱用了幾百名業務員開發貸款，拜現行法規所賜（也就是沒人管），他們既不核實貸款申請人的收入，也不用獨立的信用評估。這些房貸業務員只要幫助民眾買到房子，就能獲得金錢報酬。而想要買房子的人也很少認清，房貸業務員追求自身利益，而不是為了熱心助人。佛羅里達州南部大通房貸金融公司（Chase Home Finance）在二〇〇七年承作了二十億美元的房貸，公司副總裁塔克森（James Theckston）後來就說：「申請（貸款）的時候，你不必填寫工作資料、不必出示收入證明和財產證明……也照樣可以獲得同意。」[10] 抵押貸款獲得批准後，又迅速轉售到次級市場，一般就是賣給房利美和房地美，然後再跟許多同類抵押貸款打包在一起，成為債權證券。

投資銀行熱切收購這種抵押貸款債權證券，又加以切割組合，當作債券賣出去。這些債權證券通常被稱為「擔保債權憑證」（collateralized debt obligations），設計方式就是針對債信評等機構的評估模型，所以這些高風險的抵押貸款債權經過如此處理之後，非常神奇地變成三A級（AAA）證券。

購買這種證券的人通常也會買個保險，投資「信用違約交換」（credit default swap, CDS），這也都是信譽卓著的大型保險公司所發行，如美國國際集團（AIG）等。保險公司的交易員在沒有標的物的狀況下，高高興興地發行幾千億信用違約交換。這些公司利用技術性手法，聲稱信用違約交換並不是保險商品，所以不必有標的物。結果等到抵押貸款開始拖欠變呆帳之後，那些保險額度大到他們根本賠不起。

只要經濟持續蓬勃發展，那麼這一切都運轉得很好。房貸業務纏著想買房子的人，光憑他們的微薄資產和低收入，過去是借不到錢的，如今卻是大開方便之門。抵押貸款供給鏈上的每位員工，尤其是高級主管，大家都賺得笑呵呵。銀行、對沖基金和其他擁有抵押債權證券的投資人也很高興，因為這種衍生商品的殖利率高於市場行情。而投資人也樂於付點錢給保險公司，讓它們去承擔風險，卻沒注意到那些保險公司欠缺足夠的財務資源，一旦抵押債市崩盤，也一樣無力負擔理賠。

於是麻煩就來了。隨著經濟頓挫的衝擊，房地產市場開始瓦解。有些屋主丟掉工作，有些則是面臨房貸利率開始上升，或者兩者兼備，也就是沒工作、利率也上升，就再也付不起房貸，抵押品遭到沒收的情況大幅增加。承作房貸的業者也無法把債權轉賣到次級市場，公司股價大跌，投資人持有的抵押債權證券價格也一樣大跌，因為情勢越來越緊急，許多抵押貸款絕對無法清償。隨著房價急挫，許多房屋的價值跌得比未清償貸款額還低。

債權證券投資人發現跌價，就期待保險公司（尤其是美國國際集團）根據信用違約交換的約定來賠償損失。可是美國國際集團及其他相關業者也都無力理賠，因為它們欠缺足夠的財務資源。所以美國國際集團只好找上聯邦政府，請求救助。美國政府當然得同意，因為美國國際集團要是破產，會威脅到整個經濟體系：這家公司就是「大到不能倒」嘛。此時投資銀行家已是後悔莫及，顯然也是到現在才發現，信用違約交換不是真正的保險，整套系統只是一廂情願、互相堆疊起來的幻想罷了。

在這個過程中，買房子的人沒考慮到，萬一發生不幸的事，例如失業或經濟衰退，他們根本繳不起房貸。而且他們也忽略利率可能上揚，儘管這對次級貸款來說是可以預料的事。很多人也都不曾考慮到，萬一房子被查封沒收，他們的生活會受到什麼影響。很多人就這麼失去自己的房子，連帶積蓄也被掏得一乾二淨。

在這個故事中所提到的其他組織，情況就還好。它們在經濟景氣好的時候賺到不少，足以彌補最後到來的虧損。但這些結果還留下一個問題：誰應該為這場災難負責？

國會有責任、民眾也有責任，特別是應該負責監督管理的主管機關輕忽大意。要是主管機關謹記「好到不像是真的」就該懷疑，它們一開始就能抓住問題。如果它們懂得「設身處地」來思考，就會看穿購屋者和房貸業者的動機。而我們人民的失敗在於，沒讓那些民選官員為自己的施政負起責任。政客們繼續指責主管機構造成危機，但我們卻投票反對那些主張設置必要監督管理的人。

我們為什麼沒注意到呢？首先，二〇〇八年的金融崩潰比我這裡所說的還要複雜許多，因此這個問題的許多具體狀況，都很難察覺診斷。但察覺重大危機逐漸逼來的蛛絲馬跡，也的確是有。要是有幾十萬人的抵押貸款在經濟不景氣時無力償付，那麼相信經由華爾街分割組合債權就能創造出神奇的安全投資，顯然太天真了。再者，光靠一家保險公司對那些投資提供保證，也應該會讓人質疑：要是真的發生巨額虧損，這家保險業者負擔得起嗎？結果是誰也沒想、也都沒問。我們毫無理由地信任這個制度，但它卻承擔不起託付。

這個信任有一部分是來自我們對投資和機會太過熱切，因此疏忽可能出現的危害。而信任的另一部分則來自我們常常輕忽、低估未來狀況。大家想買棟漂亮房子的時候，就容易低估長期風險。投資人期盼高於市場的報酬，就不會考慮到一些真正的危險。媒體想要簡單精彩的報導，可以用六十二段來解釋說明，卻沒想要質疑它們不能理解的體系和制度。

這件事很容易讓人以為金融崩潰是無法預測的，但是路易士（Michael Lewis）的著作《大賣空》（*The Big Short*）中就記錄了好幾名投資人，他們在大災難來臨之前就完全明白它會怎麼發生。然而告知大眾也不是他們的職責，他們只是在另一邊下賭注，然後在金融市場崩潰時賺了很多錢。路易士筆下那幾個人的故事，都是既曲折又精彩，但共同點是，他們都在市場中注意到一種模式，讓他們覺得那種狀況實在是太好了，好到不可能是真的，然後他們就根據這個分析下注。

好得不像是真的

二〇〇八年的金融危機非常複雜，所以我們只考慮一些很簡單的狀況。我每次遇到熱衷股票交易的人，常常會問他，為什麼他們會認為自己知道得比交易對手多呢？然而大多數投資人根本沒想過這個問題。他們反而會問我什麼意思，我就試著說清楚一點。當某位投資人買進股票，表示另一方有人賣出。那麼，如果你是買進那一位，難道不必考慮到賣方在想什麼嗎？

當我問投資人為什麼要買某家公司的股票，他們通常表示該公司有一些利多，諸如投資報酬和獲利創新高、具成長潛力，以及持有特定資產等。但他們往往忽略一個狀況，就是整個市場大概也都知道那些利多。事實上，比你了解那家公司的大有人在，而且情況通常就是如此。大多數投資人支付手續費做交易的對手，往往是擁有更多資訊的那一方。因此整個看來，我認為這樣的賭注實在不妙。

對於這種狀況，最重要的就是要問那個最明顯的問題。要是那個機會讓你覺得好得不像是真的，那就必須再謹慎而仔細地查驗。要先想到最壞狀況，而且還要考慮到所有相關對手的行動和動機，這也是下一章的主題。

｜第九章｜

預先設想的覺察

在其波瀾壯闊的職業生涯中，海華德（Tony Hayward）在二十一世紀的第一個十年，邁向他專業經理人的最高峰。海華德在一九八二年進入英國石油公司（British Petroleum）擔任鑽油井地質學家，之後一步一步往上爬，到了新世紀之初，已然晉身英國石油公司的管理高層。在這段期間，英國石油公司在財務上的表現也是可圈可點，並被公認是觀念進步且對環境友善的企業，至少就其石油產業身分而言。當時外界認為，海華德最可能成為英國石油公司下一任執行長，接替高知名度的布朗（John Browne）爵士。

然而當時還在布朗領導下，英國石油公司已經開始出現許多災難。二〇〇五年該公司的德州城煉油廠發生爆炸，造成十五人死亡、一百七十餘人受傷的慘劇，海華德在休士頓市議會上公開批評自家公司的管理階層：「我們的領導風格只要求聽命行事，而且也不夠仔細傾聽。管理高層並未仔細傾聽底層的聲音。」[1]不久之後，布朗爵士身陷桃色風波，而且也像柯林頓一樣，在宣誓後還說謊，讓英國石油公司再度面對難堪醜聞。

因此英國石油公司加速進行世代交替，遴選新任執行長，於二〇〇七年一月十二日宣布由海華德接任布朗職位。此時海華德馬上成為全球最受矚目的專業經理人。他遭遇種種困難挑戰，也受到傳播媒體嚴密檢視。二〇〇九年，海華德在史丹佛大學演講時，談到他經營英國石油公司的理念，說那家公司的「主要目的……是要為我們的股東創造價值。但要做到這一點，你必須照顧到全世界。」[2]

此時的海華德可以說是站在他人生的巔峰，在一個非常艱難的產業中，領導一家極富挑戰性的企業。然後，突然間，他就面臨職業生涯最大的挑戰：二〇一〇年四月二十日，英國石油公司在墨西哥灣的深海鑽油平台發生爆炸，當場造成十一人死亡，石油以驚人速度流入海中。這樁漏油事件很快就成為全球史上最大的生態浩劫。墨西哥灣沿岸的許多工作一夕間消失，許多人的營生慘遭毀滅，甚至整個社區都被摧毀。在一開始低估漏油影響後，海華德發言不當更是雪上加霜：

◆「我們（英國石油）到底是做了什麼，才會這麼倒楣啊？」[3]

◆「墨西哥灣的洋面很大。相對於總水量來說，洩漏的的石油和投入其中的分解劑，可說是非常少。」[4]

◆「我想，這場災難對於環境的影響應該是非常、非常有限。」[5]

不過海華德最嚴重的錯誤發言，是在五月三十日，他對某位記者說：

◆「沒有人比我更想了結這件事。我希望自己的生活可以重來。」[6]

各位當時要是沒看到這段醜態，你也可以預測到外界會是什麼反應吧？沒錯，海華德自私、冷酷的發言馬上引來媒體和大眾痛批。

要是海華德在發言之前就先想一想，他絕對不會那麼說。事實上，他後來也這麼認為，因為幾天後他就表示：「我週日說希望自己生活可以重來，這句輕率的話造成了傷害。最近發現這一點，我也感到震驚。我要向大家道歉，尤其是對十一位罹難者的家人道歉。那些話並不代表我對這場悲劇的感覺，當然也不是英國石油員工的內心感受，他們有許多人都住在墨西哥灣，也在那裡工作，他們正在盡最大努力把事情做好。」[7]

讓我們回顧一下過去。我在二〇〇五至二〇〇六年曾經擔任英國石油公司的顧問，跟海華德共事過。他很優秀，也很謹慎，作風堪稱保守。而且我也敢保證，他平常是個思慮周密而體貼的人。然而就因為沒事先考慮清楚就亂說話，生活頃刻間天翻地覆。他的道歉來得太遲，六月八日美國總統歐巴馬直言，海華德「說那些話之後不宜再為我工作」。[8] 各方壓力隨即排山倒海而來，英國石油公司董事長也在六月十八日表示，海華德不會再涉及墨西哥灣的工作。到了七月，英國石油公司宣布開除海華德的職務。

當漏油事件發生時，海華德承受巨大壓力。在當時的重重危機中，他可能連覺都睡不好。但是他在發言之前還是應該要先想一想，聽到薪酬豐厚的石油公司高級主管說希望危機趕快了結、生活可以恢復這種話，那些傳播媒體、罹難者家屬和所有關心此事的民眾會有什麼反應。

正因為他是身陷危機的企業執行長，就更應該預先設想一步，甚至最好是更多步。

事實上，大多數人在行動或發言之前，連預先設想一步都做不到，這也是一種讓我們無法擺脫當下限制、覺察未來的失敗。有許多團體和組織也做不到這一點。比方說二〇一二年初，宣導乳癌防治的非營利組織蘇珊・科曼治療基金會（Susan G. Komen for the Cure），它做出的重大政策決定，凸顯出組織與個人都必須預先設想一步的重要性。（以下分析不是針對政治評論，而是說明該組織並未預先設想的失敗。）

各位可能有親朋好友參加過科曼基金會主辦的慢跑活動，或者對一些徒步遠行籌募乳癌研究及治療資金的人給予贊助。這個基金會是全世界最成功的疾病防治組織之一，很多人都知道他們以粉紅色絲帶象徵對抗乳癌的善舉。一直到二〇一二年之前，科曼基金會可說是廣結善緣，很少有敵人。

該基金會的業務有一部分是支持乳癌篩檢和相關教育計畫，都是透過其他許多醫療機構來進行。它的服務合作對象包括「計畫生育」（Planned Parenthood）組織，後者也是為婦女提供低廉健康醫療服務的非營利機構。正如大家所知，「計畫生育」組織之所以引發極大爭議，是因為它除了尋常的醫療服務之外，也提供墮胎服務。對許多婦女來說，尤其是缺乏健康保險、沒錢負擔醫療保健的女性，「計畫生育」組織正是她們享有醫療保健服務的主要來源。「計畫生育」組織的分支機構提供婦女乳房檢查名額，每年超過七十五萬位，並在必要時資助清寒婦女進行乳房X光及超音波等進一步的診斷服務。

事情是發生在二〇一二年一月三十一日，科曼基金會疑似在政治壓力下，偷偷裁撤每年給「計畫生育」組織的七十餘萬美元，本來這筆錢是委託該組織進行乳癌篩檢和教育計畫之用。基金會某發言人表示，這個決定是因為基金會有一項新規定，對於受到地方、州政府或聯邦政府調查的組織不再給予資助。當時「計畫生育」組織的確受到佛羅里達州共和黨眾議員史特恩斯（Representative Cliff Stearns）的調查，因此從科曼基金會的新規定來看，確實是沒資格接受補助。然而史特恩斯的調查卻被認為是出於政治動機。史特恩斯則表示，他的目的是確認「計畫生育」組織是否濫用聯邦資源為婦女進行流產手術。支持婦女有權墮胎的人士認為，「計畫生育」組織早就不使用聯邦資金為婦女進行墮胎，史特恩斯無端尋隙，只是找藉口修理這個支持墮胎的組織。

科曼基金會執行長布林克（Nancy Brinker）則是否認停止資助的背後有任何政治動機。但是基金會董事之一的拉菲利（John Raffaelli）又對《紐約時報》表示，高層切割「計畫生育」組織是出於政治因素。[9]科曼基金會這個決定預料是來自韓德爾（Karen Handel），她在二〇一一年四月被任命為副董事長，專門負責公共政策事務。韓德爾一向反對墮胎政策，她在二〇一〇年參與喬治亞州州長選舉，雖然沒成功，但競選支票裡就說以後要刪除「計畫生育」組織的補助經費。

根據我前面提供的訊息，各位能夠判斷接下來會發生什麼事嗎？科曼基金會的幾位主要利害相關人都非常生氣，基金會聲譽不但遭到沉重打擊，連帶使他們所支持的目標和理想也一併受到拖累。短短幾天內，眾多捐款人迭起抗議，威脅停止贊助。基金會在加州的七個分支機構都發表聲明，表示反對總部的決定。二十六位美國參議員同聲譴責，要求科曼基金會重新考慮這個決定。而「計畫生育」則是在群情激憤中博得各方捐款。紐約市長彭博（Michael Bloomberg）也批評，該決定形同犧牲婦女健康，並以個人名義捐獻二十五萬美元，稍稍彌補該組織失去的經費。

撇開政治不提，從我們這本書所談的角度來看，這個舉動必定招惹眾怒，是科曼基金會幾位領導人事先可以預料得到的。那當中也許有人很反對墮胎，但他們也應該知道科曼基金會的利害相關人有許多都與「計畫生育」組織重疊，可是他們顯然沒考慮到這些情況。影音網站YouTube上本來有一段科曼執行長布林克出面安撫大眾的影片，後來撤除了，但那段談話也滅不了火，對於重振基金會聲譽幫助不大。

在公布那個決定的三天後，科曼基金會收回成命，表示將繼續資助「計畫生育」組織。四天後，韓德爾就遞出辭呈。對於造成社會大眾質疑其挽救婦女生命的承諾，基金會也出面道歉。但在這個一夜之間組織抗議活動就如同野火燎原的世界來說，這個道歉或許拖得太久了。《紐約時報》便認為，科曼基金會這項舉動可以說是背叛自己的使命，才會遭受「嚴重、甚至致命的傷害」。[10]

從科曼基金會宣布取消資助「計畫生育」組織，到收回成命，也不過是短短幾天，推展多年的女性健康議題就嚴重受挫，而且基金會對自己造成的傷害之大，更甚於任何外界的批評，也沒有任何組織可比擬。事情怎麼會搞成這樣呢？其實就是因為組織領導者未能預先設想一步，沒有預期決策會有什麼後果。

就英國石油和科曼基金會這兩個例子來說，都是因為它們沒有考慮到廣大公眾對媒體報導的反應。但對我們所有人而言，就算傳媒不太會來關注，我們在考慮採取行動之前，也都應該要想一想別人會有什麼反應。

爛車市場

一九六六至一九六七年間，在加州柏克萊大學經濟系擔任助理教授的阿克洛夫（George Akerlof）寫了一篇十三頁論文，名為〈爛車市場〉（The Market for Lemons）。[11]當時有三家期刊拒絕這篇論文，直到一九七〇年才有第四家期刊接受並刊載。到了二〇〇一年，阿克洛夫就因為這篇經典論文榮獲諾貝爾經濟學獎。阿克洛夫說，〈爛車市場〉要處理的就是一個很簡單的問題：「如果他要賣那部車子，我真的要買嗎？」[12]基本上，阿克洛夫的主張是說，某個商品的潛在買家必須考慮到賣方的動機，並根據賣方意願來做推論。正如我在第八章所言，買家也必須設身處地站在賣家的角度來思考，特別是在賣家比買家掌握更多資訊的時候。

阿克洛夫在這篇經典論文中提出一個經濟理論模型，正如篇名所示，是以舊車市場做例子來說明。簡單說，舊車市場中有好的二手車，也有爛車。而決定舊車狀況的好壞，就在於賣家的駕駛方式、平時維修，以及是否發生過事故等因素，而這些都是買家難以分辨或察覺的。

現在假設某位買家正在檢查一部二手車，但他不曉得這到底是一部好車還是爛車。這部車的狀況會有多好？他覺得也許就是普通吧，所以他只願意支付普通的價格。假設有很多買家都這麼認為，那我們來設想一下，一名平時小心保養、絕不亂操車子的車主，會面臨什麼情況：他們的車子狀況應該不錯，但也絕對賣不到公平的價格。更進一步說，我們甚至也可以預期，那些車主不會把他們狀況良好的舊車送進市場，而是會留給親朋好友或認識的人。

結果保養良好的舊車紛紛退出市場，使得二手車市場的舊車平均品質日益低下。而想要買車的人知道這個情況後，願意支付的價格也變得更低，這又讓車況普通的舊車車主無法獲得合理價格，因此他們的車子也跟著離開市場。如此惡性循環持續下去，到最後只剩爛車會進入市場。阿克洛夫的模型所假設的，是不懂車況的買家，也忽略認證、檢驗等輔助辦法。不過他的見解正可說明，為什麼你買下的愛車從車商那裡開出來以後，市場價值馬上大跌。誰敢去承接那種只買了幾分鐘、幾天或幾週的新車呢？如果有這樣的車子擺在眼前，誰會不問這個問題：「他們為什麼要賣掉？」

阿克洛夫的精彩論文假設舊車買家不知道車況，但還是根據賣家知道更多的「不對稱資訊」（asymmetric information），去合理思考自己應該支付什麼價格。然而買家抱持疑慮的狀況的確是有，但大多數人其實都比較天真，也往往未能多想一步，要求政府立法保障權益，一直到阿克洛夫論文都發表五年了，聯邦才頒布「檸檬法案」（lemon law；即「馬格努森－莫斯認證法案」〔Magnuson-Moss Warranty Act〕。譯註：美國稱爛車為「lemon」），以保護美國各州的二手車購買者。

後來我和薩繆森（Bill Samuelson）根據阿克洛夫二手車問題的理論，創造出一個決策問題。從這個決策問題可以看出情報太少的買家要面對多少挑戰。[13] 各位以前要是沒看過，現在請仔細研讀，並思考一下自己會怎麼報價。

收購一家公司

在這個練習中，你要代表A公司（收購方），該公司目前正考慮報價，準備收購T公司（收購目標）。你準備用現金全數收購T公司的股票，但現在還不確定應該報價多少。主要困難在於：T公司的價值要看目前正進行的石油探勘結果才能確定。事實上，T公司能否存活也要靠這個探勘的結果。這個計畫要是失敗，這家公司就目前情況是一文不值，股價是零；但要是探勘成功，那麼就目前管理而言，股價可高達每股一百元。股價在零元至一百元間的任何價位都有可能。

但不管怎樣，這家公司如果是在A公司的掌控下，一定比它目前經營更有價值。事實上，不管它最後價值多少，在A公司掌控下都會比現行經營者高出五〇%。萬一探勘計畫失敗，那麼不管是誰經營，公司價值都一樣是零。但要是探勘成功，在目前經營者手上每股值五十元的話，在A公司控管下就值每股七十五元。同樣的，要是在T公司經營者手上價值每股一百元，到了A公司控管就值一百五十元。以此類推。

在探勘計畫還沒有結果之前，A公司董事會要你決定該對T公司股票報價多少。從種種跡象來看，如果報價有利可圖的話，T公司也很願意被A公司收購。同時，T公司也不惜代價，希望避免被其他公司收購。你猜想T公司可能對你的報價推遲決定，直到他們知道探勘結果，但在消息洩漏到新聞媒體之前，才會決定接受或拒絕你的報價。

因此，你（A公司）提出報價時並不知道探勘結果，但T公司決定是否接受時則已經知道。此外，A公司的報價只要高於現行經營下的（每股）價值，T公司就會接受。

身為A公司的代表，你的報價範圍是零元（就等於不報價）到每股一百五十元之間，全由你決定。那麼你認為要報多少錢一股？

我的報價是：每股＿＿＿元。

這個問題的重要特徵，跟阿克洛夫的舊車問題中，買家所面對的狀況差不多：

- 買家不知道公司的價值，他只曉得在目前經營狀況下，從零元到一百元之間都有可能。
- 不管賣家認為自己值多少，對買家而言，其價值都會是它的一．五倍。
- 買家只能仰賴以上訊息報價，但賣家在決定是否接受報價時，會知道自己真正的價值。

因為這家公司的價值對買家比賣家高出五〇%，交易會成立也是合理的。然而，儘管在此顯現的狀況看似簡單，這個問題也不是一眼看穿就能做理性分析，要是不能多設想一步，就算是非常聰明的人也一樣無解。

這個問題我曾經給許多事業有成的人看過，包括許多企業的各級資深主管、會計師事務所合夥人和投資銀行家，最常得出的答案是在出價五十元至七十五元之間。會有這樣的答案是因為大家都想得很單純：「平均來看，目標企業的價值是每股五十元，對收購方則是每股七十五元，因此這樁交易要是落在兩者之間，對雙方來說，平均而言，都是有利可圖。」

如果目標方的資訊跟收購方一樣有限的話，這個推論倒也合理。但是問題在於，目標企業在決定是否接受你的報價時，已經知道公司真正的價值。

現在讓我們牢記這個事實：賣家知道公司真正價值，但你不知道。現在假設我們要判斷每股六十元是否合理，它的決策過程如下：

> 如果我提出每股六十元收購，就該公司而言，接受機率應該是六〇%，也就是說目標企業的價值在零元至六十元之間。因為股價落在零元至六十元間的任何一點，機率是一樣的，所以當目標公司收受六十元報價時，其平均價為每股三十元，而對收購方來說，等於每股價值四十五元。那麼收購方提出六十元報價的結果，是每股損失十五元（六十元減去四十五元）。因此每股報價六十元並不明智。[14]

每一個不同的報價，也都適用此一分析。平均來說，一旦目標企業接受報價時，收購方得到的企業價值都會比報價低二五%。假設收購方提出每股X元報價，而目標企業接受，則目標企業當前價值應當在每股零元至X元之間。因為問題限定任何價位的機率一樣，因此那個範圍之內的平均價格就是除以二。又因為目標企業的價值對收購方而言多出五〇%，因此收購方的期望值為「1.5（$X／2）=0.75（$X）」，也就等於只能獲得報價的七五%而已。所以，不管X的價值為何，收購方最好的策略就是不要報價（每股零元）。

沒錯，報價收購也有可能賺錢，但賠錢的機會比較大。賺賠的機率大概是一比二。「收購一家公司」這問題的矛盾在於，儘管對收購方的價值都大於目標企業，但只要你一報價，不管價格為何，你能獲得的期望值都低於報價。其矛盾根源很可能就在於實際價值低於收購報價時，目標企業才會接受，也就是說，它是部「爛車」的時候，買賣才會成交。

因為這個問題的答案實在違反直覺，因此儘管研究人員提供獎金鼓勵，相同模式的錯誤還是一再地出現。本書讀者要是學會預先設想一步，就有足夠的分析能力依照這個邏輯，得出每股報價零元的答案。但要是不曉得這套妙方，大多數人都會受騙上當。大家在決策過程中，反而會一致地排除本來就知道的訊息，也就是只有賣方才知道某些訊息，但買方並不曉得。在沒有獨立鑑價的情況下購買昂貴珠寶，或者只憑銀行評估就買下外地房地產，或是在併購市場上收購企業，大多數的報價方也都跟上述購買方一樣，忽略了「資訊不對稱」狀況帶來的不利。他們都沒注意到成交結果是受制於賣方的接受，而這最可能是在己方不利時才會成立。

博弈理論和快思慢想

在「收購一家公司」問題出版後一段時間，我在一九八五年進入美國西北大學的凱洛格管理學院（Kellogg School of Management）任教。當時凱洛格學院的一位新同事麥爾森（Roger Myerson），正是全球最偉大的博弈理論專家，後來即以此榮獲諾貝爾經濟學獎。在那個時代，博弈理論專注分析競爭環境中理性行為者的行為，並對其他各方決策的分析和思考提供重要見解。根據他們設定的模型，許多博弈理論專家也大都認為人類的行事作為是理性的。在他們的研究中，針對接下來要怎麼做，也會強調預先設想一步的重要性，一定要思考其他人會怎麼決策。

然而「收購一家公司」問題提供很有說服力的證據，至少在某些情況下，我們其實並不能預先設想一步，甚至連行事作為都不是那麼合乎理性。但這是在大家都知道人類行為常常傾向於不理性之前的大概十年吧，所以我不知道傳統的博弈理論對此會如何回應。不過羅傑對於我們得到的結果似乎還頗為欣賞。當我問他，博弈理論所預測的某個核心可能遭到反駁，為什麼他不會感到困擾？他解釋說，他從來不曾堅持博弈理論對人類行為的描述一定正確，但他還是相信博弈理論在引導和指示上的價值。為什麼呢？因為博弈理論所強調的，就是預先設想一步（甚至數步）的重要性。

羅傑認為，ＭＢＡ學生和經理人在課程中太少接觸博弈理論，而「收購一家公司」問題的結果正好暴露出這個狀況。我想他說得沒錯。因為直覺會引導我們誤入歧途，因此就更需要被引導去思考別人的決定，更廣泛地說，必須預先設想至少一步。而博弈理論所鼓勵的，正是要求我們務必做到這一點。

「收購一家公司」問題，讓我們的直覺接受更有條理地分析，我們再次看到直覺思考，也就是「思考系統一」的重要限制。我們對問題會自動依賴簡化的工具，但我們也具備使用理性思考，也就是「思考系統二」的能力，能夠充分猜想別人的決策，據以找到最佳回應方式。

疑神疑鬼：預先設想的的陰暗面

假設各位跟三位同伴剛剛抵達英國曼徹斯特機場。你們計畫搭計程車到火車站，再換火車進倫敦。你已經備好去倫敦的車票，它位於曼徹斯特的南方，距離約兩百英里。當你們走向計程車，看到一群司機坐在那兒聊天。那幾位司機看起來似乎都是熟人。你對排班在最前頭的司機說，你們要跑個短程到火車站。不過那位司機的某個同事對你們說火車正在罷工，排班最前的司機則建議不如就搭他的車子去倫敦，四個人只收三百鎊（在當時約是六百美元）。你會接受嗎？或者跟他討價還價？還是你會採取其他行動？

關於我討論的這些觀念，我相信一般來說自己也都能做到，例如在決策或談判時。不過我之所以會寫這本書，一開始也是因為自己沒注意到某些事情。我特別努力提升自己的覺察力，也獲得不錯成果。而曼徹斯特的狀況，就是這少數幾次成功事例之一。

我當時站在曼徹斯特機場外的人行道上，感覺自己真是深陷困局。我們也許可以心存感激地接受提議，或者討價還價看能不能再便宜一點，不過萬一事後發現罷工只是欺騙，那就嘔了。我是可以回到機場的詢問台，問看看鐵路是否真的罷工。但萬一真的是罷工的話，那我再回到計程車等候站可就難堪了。

但當時我也沒時間多想，只好對我太太瑪拉說：「行李先不要讓司機裝上車。」就急忙衝回機場詢問台，問說火車是否罷工。然後我很快回到計程車這邊，把我太太和朋友們拉到一旁，告訴他們沒有罷工的消息，那位司機在騙我們。

事後看來我是做出了正確的決定。但我怎麼會注意到眼前的資訊有問題呢？我想本章談到的一些觀念就很有幫助。我當時是想到，其實我需要的資訊就在一百英尺外，就在機場裡；而且也想到計程車司機的動機，不就是想賺取去倫敦的遠程高昂車資嘛。所以我並不是只想到「怎麼去倫敦」這個問題。

這件事讓我看起來挺精明的。不過我得承認，當我跑回機場時，其實是在擔心自己對司機的懷疑。要是我錯了呢？我對處境的分析是否疑神疑鬼？要是那位司機原本就誠實，只是想給我們一些幫助，那麼我的疑慮就尷尬囉。在他們都同樣是司機且相同種族的背景下，也許會對我的懷疑產生不滿，萬一到時只剩搭計程車進城的選項，很可能反而會被拒載。但幸運的是，我的質疑沒錯。

日常生活中有時能夠預先設想，其實是出於懷疑的態度，但要是變得疑神疑鬼也很不妙。談判過程中有時須信任對方，有時須懷疑他的動機。要是太過信任可能會被騙，但信任太過薄弱的話，也不足以建立重要的專業關係。我個人在生活上也許是質疑太多了點。雖然我沒上計程車司機的當，但這麼疑神疑鬼，肯定也錯失許多珍貴的機會。

不過實驗證明，像我這樣的人也不少。以下這個買方和賣方間的「藏牌遊戲」（hidden card

game）是採用魯賓斯坦（Ariel Rubinstein）的方法，和我同事厄特（Eyal Ert）與克蕾莉（Stephanie Creary）一起進行的研究：

一副一百張的牌，上頭寫有一至一百的數字，代表價格。賣方從牌中隨機抽取兩張，然後賣家把點數較低的那張告知買方，由買方考慮是否要以固定的一百元買下這兩張牌。買方所獲得的，會是這兩張牌合計的價值，而賣方則是只要把牌推銷出去，就能獲得十元。因此，賣方的利益是只要把牌賣掉就有，而買方則是超過一百元才有利可圖。[15]

這遊戲如果可以玩很多次，而你的目標是追求最大的平均收益（這個概念稱為「期望值最大化」），那麼只要點數較低的牌超過三十三，你就應該要買下。知道為什麼嗎？因為點數低的牌如果是三十四的話，另一張牌必然是在三十五到一百之間的任何一張。所以兩張牌的總合會落在六十九到一百三十四之間，因為每張牌出現的機率都一樣，所以期望值是頭尾相加除以二，也就是一〇一．五元。

不過，我們的研究針對買家看到較低點數為四十元時，會有什麼反應。如果較低點數為四十元，則兩張牌的總合就在八十元至一百四十元之間，期望值為一一〇．五元。首先我們以電腦來扮演賣家，交易完全自動化，買賣雙方完全沒有溝通機會。這時候的買方除了較低點數為四十元之外，不會知道任何其他訊息。而根據剛才提出的算法，你覺得風險不大，才會買下這兩張牌。

之後再把賣家換由真人扮演，買賣雙方可以透過電子郵件進行互動。如果你是買家，你喜歡在交易前跟真人賣家互動溝通，或者是不需要其他訊息，直接跟電腦作交易呢？大多數人都喜歡與真人賣家互動。但你對於真人訊息互動的價值可能會做更多思考。

在我們的研究中，賣家由電腦換成真人扮演以後，買家的接受率也大幅降低。在電腦扮演賣家時，買家根據期望值最大化做決策而買下兩張牌的狀況達七八％。等到真人扮演賣家時，買家決定買牌的狀況反而不及一半（四五％）。雙方溝通反而造成買家對賣家的懷疑，對於那張未揭露的牌總是設想為最糟狀況。在買賣雙方的電郵討論中，買家會說出「我認為你在說謊」或「是啊，沒錯！我幹嘛要相信你？」這些話。但總體而言，買家的懷疑反而帶來不利後果。買家如果是以電腦為對手時表現反而比較好，他們會自己做計算，面對其中的不確定性，像較低點數為四十元的交易也一定會接受。

賣家則以為跟買家做溝通對交易有幫助。但他們錯了，買賣雙方的溝通，其實只會喚起買家的懷疑。

信任、懷疑或預先設想一步

所以，你應該信任還是懷疑？很多人大概會選一邊來回答。但我覺得這兩個答案也可能都是錯的。我的答案是「看情況」，看看預先設想一步可以知道什麼。預先設想一步可以讓你知道何時應該信任、何時又該懷疑。明智的作法是仔細想想對方的決策和動機，你就可以從對方的觀點來看那個問題。預先設想可以幫助你找到信任和懷疑的理由。儘管我們不會在任何狀況下都會相信每一個人，但也不必因為對方是真人而不是電腦，就一定要抱持懷疑。在某些情況下，多蒐集一些額外資訊來檢驗我們的直覺，其實不會花費更多成本，但這一點很多人都經常忽略。各位的目標應該是去理解他人的策略行為，但不必破壞建立互信的機會。

| 第十章 |

疏忽間接效應

假設發生了以下兩場火災。在某個官方監管不周的第三世界國家，成衣廠發生火災，三百位廠內工作的婦女和兒童有半數因此罹難；後來發現工廠老闆為了省錢，廠內安全設施一直處於最低標準。第二場火災意外造成郊區一名父親死亡，他為割草機加油時太過靠近才剛丟棄的菸蒂，火苗引燃汽油罐而爆炸。這兩樁死亡意外是誰的錯？

我們先換個話題。各位要是住在美國，至少在沃爾瑪（Walmart）買過一兩次東西吧，而且大概也都知道它們「天天低價」的標語。那麼各位是否曾經想過，沃爾瑪的「天天低價」及其販售商品的安全性有何關聯，或者跟製造商品的供應商員工安全有什麼關係？如果你的答案是沒想過這個問題，也不必覺得尷尬。大多數人都不會注意到間接行為造成的傷害，比方說大家都愛買低價品，而那家生產低價品的供應商會為了省錢而降低安全標準。不過要是揭示更多數據資訊，各位大概就會注意到了。

美國閃電（Blitz USA）公司曾是全美最大的汽油罐生產業者，高占罐裝汽油市場大約八成。美國閃電公司董事長安柏格（Cy Elmburg）作證表示，他曾經在二〇〇六年七月發函給沃爾瑪公司執行長，請他參與全國性的消費者教育活動，主旨在宣導消費者安全使用汽油罐，以免造成爆炸傷亡。安柏格認為這件事應該獲得沃爾瑪的支持與合作，因為由美國閃電生產、經由沃爾瑪販售出去的汽油罐，已經造成全美數十起爆炸意外，有些消費者嚴重燒傷甚至死亡。但他們和沃爾瑪簽訂的合約規定，販售商品帶來的金錢及法律責任都必須由供應商自行承擔。

安柏格則認為，沃爾瑪是家大企業，而且是實際販售發生的地點，它有能力以某種方式來影響消費者，這是美國閃電公司做不到的。但或許就是因為沃爾瑪不必負責任，所以沃爾瑪對安柏格的提議沒有採取任何行動。汽油罐爆炸事件也繼續不斷地發生。

美國閃電公司的汽油罐最主要問題在於，當使用油罐倒油時，揮發出來的油氣可能被餘燼或其他火源引燃，而火苗可能溯回油罐，就會造成爆炸。❶像這樣的案例已經發生幾十件，也讓美國閃電公司面對許多訟訴案件。美國閃電公司一位前任員工作證說，美國閃電公司曾提報一種改良式油罐的設計給沃爾瑪看，這種油罐加裝攔阻器，能避免火苗回溯進入油罐造成爆炸，成本是每罐增加八十美分至一美元。[1]該證詞指出，沃爾瑪因為價格增加而拒絕，美國閃電也因此停止這項改良計畫，因為沃爾瑪不接受，它們的產品就很難行銷全美。

在沃爾瑪公司提供客戶「天天低價」的背後，就是成本也要天天降低。他們對沃爾瑪採購人員的指導方針就是要做到降低成本，鼓勵採購人員時時刻刻不可忘記。[2]從法院證詞也能看到許多證據表明，沃爾瑪對它的供應商施以極大的價格壓力。這也就是說，供應商知道要是產品增加一些安全裝置，就可能造成沃爾瑪拒絕採購，美國閃電公司碰上的就是這個問題。我太

❶我這裡談到的沃爾瑪資料都是公開報導。但各位也要知道，在梅爾文控告沃爾瑪公司（Melvin v. Wal-Mart, Inc.）案件中，我曾擔任專家證人。

太瑪拉就是商品安全專家，我們都致力於提升上市產品的安全，也對目前市面充斥不安全商品的原因頗有研究。她在二〇〇二年時即曾寫道：

> 作為全球最大零售商及全美最大玩具銷售商的沃爾瑪，可以發揮帶頭作用，讓大家都能為孩子買到安全的產品。但該公司卻不要求玩具、兒童座椅、高腳椅的製造商在上架之前，先證明自家產品的安全性。沃爾瑪對製造商施以強大壓力……運用市場力量強迫廠商降低成本。這家零售商能強迫供應商的，不只是降低成本而已，也能堅持要求廠商對它們的產品施以安全檢驗。沃爾瑪應該堅定地跨出第一步，要求兒童產品製造商證明自家產品的安全，由真正獨立的第三方進行安全檢驗，證明它們的產品符合明確的安全標準。由全球最大的零售商率先對產品安全提出大膽堅持，必定可以引領其他零售業者追隨仿效。現在的沃爾瑪可以成為解決方案的一部分，而不是問題。[3]

然而十多年過去了，現今沃爾瑪不但沒能在產品安全上發揮領導作用，從美國閃電公司的案例來看，其實也沒多少變化。

後來美國閃電公司破產了，一部分是因為汽油罐爆炸帶來高昂的訴訟費用，以及和原告的和解金所致。所以，之後許多原告將注意力轉向沃爾瑪，認為這家零售商是爆炸傷亡的肇事者而提出訴訟。然而沃爾瑪販售的不安全汽油罐，牽涉其中者可不只一家公司，到底要算是誰的錯呢？

要在汽油罐傷亡案件中找出主要肇事者，有一個合理方式是利用排除法，把牽涉其中的單位排除其中之一，再來評估可能的結果。比方說，我們先排除美國閃電公司，假設過去那幾年沒有這家公司。假如沒有美國閃電公司，沃爾瑪還會販售沒有攔阻器的汽油罐嗎？假如沒有美國閃電公司，沃爾瑪就會進行汽油罐使用安全的宣導活動嗎？我的評估是，沒有美國閃電公司，沃爾瑪也會找到另一家可以讓它不必改善安全的製造商，因此沃爾瑪販售的汽油罐在安全性方面也不會有什麼不同。

接著我們來想想看，如果零售商不是沃爾瑪的話，美國閃電公司會不會製造出更安全的汽油罐，賣給另一些零售商呢？根據美國閃電公司的作為，有證據顯示該公司的確想改善自家汽油罐的安全性。因此，美國閃電公司很可能讓更安全的汽油罐進入市面。

從這兩個假設分析來看，沃爾瑪才是販售不安全汽油罐給消費者的源頭。然而，我雖然認為這個分析沒錯，但在那些產品的責任訴訟中，沃爾瑪都未被判有罪。

二〇一二年孟加拉成衣廠大火的狀況跟美國汽油罐爆炸很類似，也都是沃爾瑪對安全造成的間接作用，不過這一次因此傷亡的是那些為沃爾瑪製造產品的外國勞工。二〇一二年十一月二十四日，孟加拉首都達卡的塔之林（Tazreen）成衣廠發生嚴重火災，造成至少一百一十七人死亡，還有兩百多人受傷，是孟加拉有史以來最嚴重的工廠火災。災後分析報告指出，這家工廠的各種安全設施竟然沒有一項是合格的。

這到底是誰的錯？是工廠的老闆，還是因為零售商業對價格要求，導致工廠勞工無法獲得合格安全設施的保障呢？

現在我們先回顧一下，包括Gap、Target和JCPenney等數十家西方零售商，在大火發生之前大約一年半，跟那些孟加拉成衣廠的互動溝通狀況：

二〇一一年四月，在孟加拉首都達卡的會議上，零售業者討論合約強制條款的備忘錄，其中要求它們支付孟加拉工廠的價格，必須高到足以負擔廠房安全改善成本。但根據同樣參與會議的「清白成衣運動」（Clean Clothes Campaign）國際協調員柴登魯斯特（Ineke Zeldenrust）指出，沃爾瑪道德採購部門主管柯拉瓦科拉努（Sridevi Kalavakolanu）當場對與會者表示，沃爾瑪不會分擔這些成本。而彭博新聞（Bloomberg News）拿到的會議紀錄中也夾帶一份報告，其中顯示柯拉瓦科拉努和Gap主管均一再重申自家公司的立場。[4]

我不是要為工廠老闆脫罪，說他們不是為了謀取更多利潤而放任工廠不安全地運作。然而就跟美國的汽油罐案件一樣，問題根源都是來自沃爾瑪和其他零售商的價格壓力，才使得汽油罐製造商和這些工廠老闆做出不顧安全的決策。而這樣的情況，在許多國家的許多種產品製造上都可以發現到。

企業如果不願意為了產品安全、對消費者進行安全宣導，以及負擔更多工廠安全的成本而調升價格，它其實就是造成損害的原因。但我們在這一章會看到，當這些企業是損害的間接成因時，大家卻不會要求這些組織負起責任。「間接傷害」顯然經常被忽略，不管是生產廠商、零售商甚至消費者，都很難察覺。

提高藥價卻不受指責

一九九〇年代初期，美國路易斯安那州的風濕病專家拉札羅四世（Ladislas Lazaro IV）醫師對《紐約時報》說，他在治療痛風時，偶爾會開一種叫「亞克瑟凝膠」（H.P. Acthar Gel）的消炎藥，當時這種藥小小一罐五毫升，病人要花五十美元。後來這種藥有段時間沒上市，拉札羅也幾乎快忘了。然而等到它重新上市之後，卻變得好貴。各位猜猜亞克瑟凝膠現在要多少錢？你聽到我說「變得好貴」，一定特別把價格再抬高一點吧。不過各位真的猜想得到，那小小一罐五毫升的藥，現在要價二萬八千美元嗎？[5]

我曾經為許多製藥業者擔任顧問，而且認為藥廠在開發新藥維護民眾健康的同時，賺取適當利潤也是天經地義的事。但是我覺得那個數字實在太驚人了！一罐五十美元的藥品怎麼會變成二萬八千美元呢？

撇開藥價一飛衝天不論，這種「孤兒藥」（orphan drug）的發展模式可是相當常見。所謂的「孤兒藥」，是指那些醫治罕見疾病的藥品，通常產量非常少。這種特殊用藥過去是由羅納普朗克（Rhone-Poulenc）藥廠生產及銷售，該公司後來在併購後成為安萬特（Aventis）藥廠。羅納普朗克和安萬特藥廠在價格調整上一向不敢太過明目張膽，畢竟傳播媒體對大藥廠的一舉一動相當注意。由於亞克瑟在它們手上一年大概只有五十萬美元的銷售額，安萬特後來就把這個智慧財產賣給另一家更小的藥廠——奎斯特克（Questcor），售價只要十萬美元，但是利潤要分紅。因為奎斯特克規模不大，也就沒什麼品牌形象好顧慮，而且也不像安萬特那種大藥廠一舉一動廣受矚目，動輒得咎。

事實上，許多買下孤兒藥品的廠商也都是如此。於是奎斯特克開始調價，五毫升包裝馬上調漲為七百美元一罐，之後的十年繼續漲個不停，一路狂飆到二萬八千美元。亞克瑟藥品在奎斯特克接手後，就被當作多種病症的特效藥來販售，包括多發性硬化症（multiple sclerosis），但很少證據顯示亞克瑟真的比其他便宜的藥品更有效。奎斯特克藥廠執行長貝利（Don M. Bailey）曾經告訴股票分析師，亞克瑟藥品開發新用途為該公司帶來數十億美元的商機。

很多人發現亞克瑟從一小罐五十美元漲到二萬八千美元後，都嚴厲指責奎斯特克公司，但安萬特藥廠卻置身事外，彷彿跟它無關。很少人會注意到安萬特在藥價調升上扮演什麼角色：

安萬特明知藥品賣給另一家藥廠後必定大漲價，才會求利潤分紅嘛。也就是說，是安萬特找奎斯特克去做那件髒事。

我對間接傷害的研究，早在奎斯特克新聞曝光之前就開始了。二〇〇六年我還在《紐約時報》上讀到另一篇報導，談到另一家大藥廠默克（Merck）生產的癌症用藥「穆斯塔根」（Mustargen）。[7]這種藥品雖然也有癌症患者忠誠支持，但默克也面臨市場太小的問題。尤其若為獲利調整藥價，對默克藥廠的形象宣傳也非常不利。因此默克就把製造權利賣給另一家規模小很多的藥廠，歐維生製藥公司（Ovation Pharmaceuticals）。這家公司專門從大藥廠收購銷售遲緩的藥品。歐維生很快將藥價調升近十倍。但這家公司對於穆斯塔根藥品並無研發投資，事實上甚至也不負責製造生產，藥品還是由默克供應，這是明訂在雙方合約上的。但正因為歐維生的規模遠遠不及默克，也沒有知名的品牌形象，所以它敢大幅調升售價，卻不致引發外界太多關注。默克就利用這種間接方式，既能大幅調升藥價達十倍，又能避免形象受創。

默克藥廠的新聞，促使我和帕哈利亞（Neeru Paharia）、卡桑（Karim Kassam）、葛林（Joshua Greene）等人一起合作，利用實驗室共同研究大幅調價的間接作用。[8]我們想探究的是，實驗參與者對於初步評估認真思考後，是否認為不道德行為的間接成因該負更多責任。在我們論文描述的六場實驗室實驗中，有一場是為參與者設定某大藥廠為特定癌症用藥唯一經銷商的場景。所有實驗參與者都會讀到以下內容：

X大藥廠有一種抗癌藥物，但只能賺到最低限度的利潤。這種藥物的固定成本很高，但市場很有限。不過使用這種藥物的患者也真的很需要。藥廠生產成本是每顆二．五元（所有成本包括在內），但一顆只賣三元。

參與者分成兩組，其中一組還讀到以下內容：

A：大藥廠（X）把藥價從每顆三元調升為九元。

另一組則讀到不同的作法：

B：大藥廠（X）把該藥品權利售予另一家小藥廠（Y）。Y藥廠為了收回成本，大幅調升藥價為每顆十五元。

我們的研究結果表明，大多數人沒注意到調價源頭的企業責任。A組參與者對於X公司行為的批評，遠比B組參與者嚴厲許多，儘管B方案造成的消費者負擔遠高於A方案。

後來的多次研究中，參與者也都沒有找出肇事主須負起間接傷害的責任。我和同事們又找來第三組參與者，同時讓他們看到A和B兩種方案，再請他們判斷何者更應該受到譴責。再加上第三組參與者的原因是，在我們過去的研究中發現，人在同時面對兩個或多個選擇時，在思考上會更理性，也更能反省。[9]我們發現參與者同時看到兩個方案進行比較後，看法就跟之前的實驗不同，認為B方案比A方案更不道德。簡單說，當間接作用引起他們的注意時——是特別引起他們注意的——他們就能看出合理的因果關係，並且責怪肇事主。

更擴大而言，當我們被喚起注意，仔細思考此類道德困境時，就更能看出間接作用的責任，了解引發事端的直接因素，其實是受到間接原因所影響。

「我們獎勵成果！」

我聽過很多意志堅定的高級主管用這句話來總結自己的管理方法。獎懲是市場經濟體制中的重要動機，我通常也認為獎勵非常重要。不過我們也要謹慎思考別人會對獎懲有什麼反應，很多經理人在這方面顯然做得還不夠。

我們就以電腦及電腦設備的零售市場為例。由於各家零售商的品項重疊，又面臨網路銷售的激烈競爭，市場殘酷有如割喉戰，利潤空間也相當小。很多電腦零售商的利潤其實是來自附加商品，例如周邊設備、保固及維修服務協定等，這些附加利潤甚至比大作廣告的電腦和印表機本身還高。所以許多零售商對於銷售人員的獎懲，也就擺在這些附加商品的業績上。但這麼做，又會產生哪些經理人應該料想到的副作用呢？

專營辦公用品的美國大型零售商史泰博（Staples），也對銷售人員販售附加商品採取獎懲措施。在《紐約時報》「殺價高手」專題報導中，史泰博公司的經理夏哈（Natasja Shah）對記者西格爾（David Segal）說：「平均須做到兩百美元。」這是根據該公司實施的獎懲制度「市場籃子」（Market Basket），要求營業員每賣出一台電腦，須同時推銷大約兩百美元的附加商品才能達到目標。夏哈表示，公司非常認真看待這個數字，如果沒達到目標就要接受訓練輔導。未達目標的員工也許要承擔更多晚班和週末排班，排班工時說不定也會減少，有些人受到懲罰甚至可能被解僱。有一位店經理對「市場籃子」制度頗感憂慮，史泰博某主管即對他說：「做不到的話，你就去麥當勞賣薯條吧！」[10]

因為這一章是討論不道德行為的間接效應，各位大概也猜想得到，這個制度對史泰博的顧客和商譽都會有影響。不過我們先來看一則「殺價高手」專題報導中，記者西格爾引述的客戶投訴。有位很不高興的客人，在消費者網站www.my3cents.com上貼文開砲：

> 我昨天在史泰博的店遭遇非常惡劣的經驗，不是一家店喔，是兩家！……史泰博在週日報紙廣告刊登昨天（三月八日）宏碁筆記型電腦特價四九九美元……我到了店以後，詢問一位店員，他說那台筆記型電腦有庫存。但他在拿給我之前，先跟我推銷他的「保修計畫」……我說

我不需要。那位銷售人員就說那沒關係，然後就走開了。我以為他是去拿我要的那台電腦。結果他又帶著店經理過來，那位經理更強勢地推銷剛剛說過的保修計畫。他真的非常沒禮貌！甚至暗示我就是「小氣」才不買那套計畫。但我就是不買啊，最後他也走開了……過了一會兒，那個店員又回來告訴我，說那台筆記型電腦現在已經沒貨了。情況是這樣的……原本是有貨……我拒絕加購大約是一百五十美元的保修計畫，因為那會讓筆電價格又回到原價……然後突然就沒貨了……

後來我就回家，打電話給第二家史泰博的店……電話轉到電器部門，我問那位先生說，宏碁那台筆電有沒有貨。他去查了一下，回來說有貨……然後我大概八分鐘後就到了那家店。我走進店裡，找到八分鐘之前跟我講電話那位先生。這時候店裡幾乎沒人。我說我是剛剛打電話來問宏碁筆電的人，他說他就是接電話的人。我問說確定有貨嗎？他說有。我請他去拿一台給我，我很想買一台。然後，他去拿筆電之前，也問我需不需要保修計畫……「不用了，謝謝……我剛剛在上一家店都聽過了，我知道它涵蓋什麼，我沒興趣。」他說「好」就走開了。兩三分鐘後……他走回來，就跟前一家店一樣，筆電又沒貨啦。[11]

有幾位史泰博的員工證實這篇客訴文和其他類似報導，表示高層主管也知道，店經理命令未能賣出兩百美元附加商品的銷售人員，直接告訴客人說沒貨。夏哈就對西格爾說，這套制度應該叫「趕走客人」。

幾十年來，目標設定已經被推為管理和指導員工的有效手段。在很多狀況下，目標設定的確有效，但我們也要很謹慎去思考和注意這種作法的其他影響。組織領導者尤其有責任去思考目標設定的間接效應，例如前述史泰博獎懲制度對客戶滿意度的影響。

領導者沒注意到組織政策的間接影響，這個問題其實早就存在。一九六〇年代時，美國福特汽車公司遭到外國汽車的嚴厲挑戰，當時市場已經轉向更小但更省油的車款。所以當時的執行長艾柯卡（Lee Iacocca）也宣布，會在一九七〇年之前推出重量兩千磅以下的車子，售價不到兩千美元。為了加快福特Pinto車系的開發，管理者為達成目標不惜任何代價，甚至連不安全的設計都照單全收。當時工程師為了趕進度而走捷徑，把油箱擺在後車軸的後面，預留擠壓空間不到十吋。後來的訴訟案證實，此一設計顯然會因為撞擊造成油箱著火。然而福特公司儘管知道這個危險，在管理高層堅持如期完成目標的壓力下，還是沒有改進這個要命的設計缺失。它們估算車子失火的訟訴成本（後來導致五十三人死亡，多人受傷），認為還是比改良設計的成本來得低。[12]

西爾斯百貨（Sears, Roebuck and Company）在一九九〇年代初期的目標設定也出現過相同狀況。當時西爾斯為修車技師設定業績目標是每小時一百四十七美元，導致員工對客戶超收服務費用，還向他們推銷不必要的維修。最後西爾斯百貨的董事長布倫南（Edward Brennan）承認目標設定不良，反而讓西爾斯員工欺騙客戶。[13]

大學歧視亞洲人嗎？

二〇一二年十二月《紐約時報》評論版中，美國西北大學教授陳雯玲（Carolyn Chen）投書表示，美國頂尖大專院校的招生歧視亞裔美國人。她說亞裔學生「在頂尖高中占有四〇%到七〇%的員額」，因為這些高中的入學大都採取考試及學年成績等客觀標準。[14]然而根據二〇〇九年社會學家艾斯潘雪德（Thomas J. Espenshade）及萊福（Alexandria Walton Radford）研究顯示，同樣的學習成績在申請菁英大學時，白人學生入學的機會卻是亞裔學生的三倍。[15]艾斯潘雪德和萊福的結論是，在大多數菁英大學中，亞裔學生的學術測驗成績在數學及語言方面平均要高出一百四十分，才能獲得同樣的入學機會。

陳雯玲等人都曾指出，要是入學審查只根據一些客觀標準（年級表現、考試分數、學術榮譽及課外活動等），必定會有更多亞裔學生可以進入頂尖名校。當然，平均而言，亞裔學生在某些不是很明確的標準上，例如推薦信、與教職員及校友面試等，他們受到的待遇跟白種人就不太一樣。各位或許覺得這種說法似曾相識，陳雯玲也指出，這種狀況跟一九二〇年代很像，當時猶太學生跟美國私立高中畢業生競爭頂尖大學（包括我任教的哈佛大學）的入學名額。陳雯玲寫道，那時候為了限制猶太學生的入學名額，許多大學開始會考慮申請學生的家庭背景，並且「根據一些模糊特質，像是『個性』、『活力』、『男子氣概』和『領導能力』等」來做判斷。重大證據顯示，哈佛、耶魯、普林斯頓和其他常春藤大學對猶太學生非正式的限額，甚至持續到一九六〇年代。

這些統計數據和其他資料讓人懷疑，頂尖學府提供給亞裔學生的名額是否真的有所限制。常春藤盟校和其他菁英名校對待亞裔學生，是否就像一九二〇年代對待猶太人一樣，刻意施以名額限制呢？我個人是不相信真的有什麼配額，但我認為類似陳雯玲所說的，一些刻板印象和排他性的偏好等「隱藏版歧視」，我相信確實是有，才會讓菁英學府拒絕合格的亞裔學生，卻接受較不合格的白人學生。

我對那種隱藏版歧視很感興趣，但也深覺困擾。我們常常忽略自己或他人行為帶來間接傷害。更具體地講，我認為那些菁英學府雖然不是刻意要歧視誰，卻也一樣造成有害的結果。在陳雯玲投書的同時，《紐約時報》也刊載一系列相關評論，其中布里坦（John Brittain）和卡倫伯格（Richard Kahlenberg）等學者即指出，美國大學對亞裔學生的歧視可能來自一種變形的（隱形的）種族歧視，也就是「餘蔭入學」方案。[16] 這項入學政策我在第七章也曾經討論過，美國頂尖學府對校友子女大都還維持優先錄取的優惠，這就是照顧既得利益者嘛。因為「餘蔭」考量，那些勉強合格的學生反而擠掉優秀的申請人。值得注意的是，頂尖學府中受到「餘蔭」照顧的往往是白種人，因為這些學校過去一向就是白種人獨大。而其他許多被拒絕的申請者更可能是其他種族，其中即包括亞裔學生。

哈佛大學在一九九〇年代接受調查是否歧視亞裔學生，美國教育部民權辦公室也認為，同等資格的亞裔學生入學少於白種人的原因之一，即是受到「餘蔭」方案的排擠。[17]而優秀的亞裔高中生之所以受到歧視，正是頂尖學府優遇校友子女的間接影響。

注意間接影響：領導者的挑戰

沃爾瑪的採購人員對供應商的底價是鐵板一塊，絕不妥協，那也只是把自己的工作做好；羅納普朗克藥廠的高級主管對亞克瑟凝膠的規畫，結論是把它賣給小藥廠更加有利可圖，也是為了達成自己的目標；史泰博公司的員工推銷不必要的附加商品給消費者，其實只是銷售人員經常在做的事；而大學招生人員格外照顧有錢校友的子女，只是按照幾十年來的傳統作法。結果這些行為造成的間接影響，反而成了大問題。

對於領導統御來說，間接影響造成的傷害就是個嚴重挑戰。領導者的思考必須能夠超越當下，預先察覺組織某些制度會造成什麼問題。組織作為如果導致大家歧視某些人，雖然不是故意這麼做，整個組織照樣難辭其咎。組織領導者有責任注意到這點，也有責任做出改變，防止間接傷害發生。

有趣的是，本章談到的一些政策和作法，如果特別要求經理人據以思考對各自組織或社會大眾的間接傷害，他們很容易就能辨識出來。但不幸的是，許多組織都很少有這樣的要求。那些業界龍頭不是沒有能力解決那些問題，而是領導階層欠缺想像力，無法預先察覺合理後果。

｜第十一章｜

避免
可預測意外的領導

二〇〇五年八月，卡崔娜颶風肆虐美國墨西哥灣沿岸，不但造成一千八百餘人死亡，財產損失據估更是高達驚人的八百一十億美元。成千上萬的民眾失去家園，流離失所，而一向以文化豐富多樣為傲的紐奧良也永遠改變了。美國沿岸港口城市都受到侵害，大批紐奧良民眾逃到休士頓，美國納稅人也面臨巨大負擔。

我跟華金斯在二〇〇四年就出版《透視危機》（原文書名「可預測意外」）一書，所以颶風來襲後，很多媒體記者打電話來詢問：「這就是可預測意外嗎？」當時我知道的訊息還不夠，無法給出信心十足的答案。但現在我就敢說，卡崔娜颶風確實是一個事先可預見的意外。聯邦、州和地方政府都疏忽一些平常就能得到的資訊，結果才造成重大傷亡和災情。

優秀領導者的卓越才能之一，就是能夠防止可預見意外。在卡崔娜颶風來襲之前好幾年，就有許多證據顯示災難即將到來，以下談到的只是其中幾件。

在卡崔娜來襲的四年前，伯格（Eric Berger）二〇〇一年就在《休士頓紀事報》（*Houston Chronicle*）提出警告，其正確性令人不寒而慄：

> 紐奧良地層正在下陷。而保護紐奧良地區免於颶風侵襲的緩衝區，密西西比河三角洲流域淤積嚴重，使得這個富有歷史意義的知名城市身處險境，逼近災難。事實上，這個地區的狀況已經非常脆弱，今年初聯邦緊急事務管理署的潛在損害排名中，美國最易遭遇災難損害的地區紐

奧良，已是排名第三。另外兩個是什麼呢？舊金山大地震和幾乎可以預言的紐約恐怖攻擊。但紐奧良颶風可能是最要命的。科學家表示，整座城市疏散路線不足，一旦風暴來襲，可能困住二十五萬名以上的民眾，要是積水高達二十呎，死亡率將會高達十分之一。到時成千上萬的難民湧入休士頓，經濟情勢必定崩潰。[1]

二〇〇二年紐奧良的《時報花絮》（*Times-Picayune*），也有一名記者寫道：

> 加高防洪堤壩、大型海岸修復計畫，甚至也有人建議在紐奧良周邊建造高大圍牆。要是不採取特殊措施，本地一些重要港口、石油和天然氣生產設施、美國最重要的漁場之一、獨特的河口文化和歷史悠久的法國區，以及更多珍貴資產，都可能在災難性颶風來襲時被洪水沖走，甚至是碰上較小的風暴，也會造成莫大損失。[2]

《國家地理雜誌》（*National Geographic*）資深撰稿人伯恩（Joel Bourne），在二〇〇四年的一篇文章中，也提出更多明確警告和建議，指出紐奧良地區的災難已是不可避免。[3]而且不曉得各位知不知道，災情本來還可能更糟的，因為卡崔娜颶風的暴風眼還只是在紐奧良西邊數十英里處登陸而已。

儘管媒體上有這些不祥的預言，路易斯安那州長布蘭科（Kathleen Blanco）在國會上還說：「誰都沒有想到或預測到，卡崔娜颶風襲擊之後，堤壩竟然會壞成那樣子。」[4] 然而在一份詳細報告中，社會學家艾恩斯（Larry Irons）提出許多證據表明：「早在一九八〇年代以來……美國陸軍工程兵團就知道（防洪堤）破裂的威脅。」[5] 艾恩斯還提出更多證據，指控地方政府、州政府及聯邦官員也都知道，紐奧良遭遇強烈颶風來襲時必定非常脆弱。同樣的，公眾健康及研究業者「衝擊評估」公司（Impact Assessment, Inc.）在二〇〇八年《美國人類學家》（*American Anthropologist*）的報告結論說：「那次嚴重破壞是預測得到，卻沒有立即採取大規模行動，下一次再出現強烈風暴必定帶來更多嚴重災情。」[6]

在卡崔娜颶風來襲之前，聯邦緊急事務管理署就認為，颶風襲擊紐奧良是美國三大災難之一。二〇〇四年聯邦緊急處置模擬演練，凸顯政府對該類事件的準備不足，後來卻沒有針對那些明顯的弱點提出補強計畫。因此真正碰上颶風之後，聯邦緊急事務管理署一敗塗地，可說是毫不意外。

根據上述那些例子就曉得，卡崔娜這種強烈颶風會帶來什麼後果，不但事先可以預測得到，而且很多人其實都心知肚明。像那樣的天災，對於相關地區會帶來多少災難，地方政府、州政府及聯邦各級局處的領導者其實也都知道，卻沒人關注。

卡崔娜颶風凸顯出這個地區迫切需要關注，因為就算是到了現在，紐奧良地區還是非常危險。許多專家認為，墨西哥灣沿岸對於強烈颶風侵襲還是沒有做好準備，並不比卡崔娜來襲之前有所改善。二〇〇八年，衝擊評估公司的研究團隊寫道：

> 不幸的是，現在聯邦、州和各級地方政府採取的所有復原努力和計畫，只會在墨西哥灣沿岸產生一個結果：二〇〇五年八月二十九日卡崔娜颶風重創本區的情況勢必重演。依照現有趨勢繼續下去，整個堤壩系統只會進行無關緊要的改進。當地建築法規還是只要求房屋架高三英尺，但淹水卻高達十英尺。針對海平面以下低窪地區建築物的聯邦保險計畫將再實施，讓全國納稅人一起負擔未來颶風破壞的費用。海岸棲息保護區也許會「恢復」但不會擴大，就算未來不再受到颶風侵襲，在二〇五〇年之前也不再劃為保護區。最重要的問題在於，紐奧良、路易斯安那三角洲社區，一直到密西西比州和阿拉巴馬州沿岸，必然會碰上四級或五級颶風的威脅，但當局對於這些地區的安全，到目前其實都毫無規畫。[7]

顯然，這種若隱若現的災難不能再說是意外了。但是出問題的也不只是欠缺關注而已，在關注之後應該是採取行動的領導統御，也是重要關鍵。

幸虧也有許多個人和組織注意到可預測意外的例子，他們也都採取行動，及時制止或減輕危害。從他們身上，我們可以蒐集到如何確認周遭危機醞釀的經驗教訓。我們來看看另一場跟卡崔娜颶風不相上下的環境災難，二〇一二年十月下旬桑迪颶風（Hurricane Sandy）襲擊美國大西洋岸，美國領導人的準備就更有效率。這一次颶風來襲，各級領導人很快就知道威脅在即，並且優先採取行動。這個颶風造成的損失，在美國史上排名第二，緊隨卡崔娜之後，也是有紀錄以來最強烈的大西洋颶風（暴風直徑達一千一百英里）。十月二十八日，桑迪颶風抵達美國本土，歐巴馬總統針對幾個即將受到衝擊的州治發布緊急命令，讓各州得以要求聯邦援助，並在颶風來襲之前就做好許多準備。東岸地區預先發布旅遊警示，飛航班次也紛紛取消。國民警衛隊和美國空軍在七個州布署數萬人，準備投入救災和支援。

針對卡崔娜、二〇一一年艾琳颶風（Hurricane Irene）及其他天氣災害的研究，東岸各州政府已經注意到天災期間開放高速公路通行的危險。例如他們可能都知道的一個例子，二〇一一年二月芝加哥暴風雪，主幹道湖濱公路陷入癱瘓，有數百位民眾被困在路上挨餓受凍。因為大雪造成視線不佳，有許多人被迫棄車逃生，市政府也因為暴風雪期間未管制上路而飽受批評。當桑迪颶風逐漸逼近時，官員就預先想到，駕駛人要是被洪水困在公路上，可能面臨傷害或死亡威脅。況且到時狀況緊急，救援捉襟見肘之際，這些駕駛很可能得不到援助。

基於以上原因，有些州政府決定封閉公路，例如德拉瓦州就管制公路交通，只供緊急救援和政府人員使用。紐約市捷運局也宣布暫停服務，並預定依狀況封閉個別的橋梁和隧道。當局這些行動不只保護駕駛人免於誤入險地，同時也考慮到封閉道路可以讓有限資源得到更有效率的配置，在較小區域內專注救援工作。這些決策都發揮實質效果，讓許多民眾不會冒險上路而陷入危險，同時讓救災工作在限定範圍內有效運作。

政府領導人很少因為減輕災害就受到大家的讚譽，但歐巴馬總統對於桑迪颶風的反應可說是個例外。就算是歐巴馬總統的政治對手紐澤西州長克里斯蒂（Chris Christie）都說：「我認為他做得很棒！」此外，許多地方和州政府領導人對於桑迪颶風也都能察覺警訊，優先採取行動，值得大家讚揚。

疏忽可預見的意外

我受邀對民間、政府和非營利組織演講時，常常問他們三個簡單的問題：

◆你的組織裡是否有無法自行解決的嚴重問題？
◆這些問題如果繼續拖延下去，是否會越來越糟？
◆這些問題是否會演變成破壞性危機，讓組織中大多數人措手不及？

他們的回答幾乎都是肯定的：是有一些問題、很可能會變得更糟、而且會變成組織的重大危機。簡單說，那些危機的出現，可能一直都是可以預測得到的。而這個就是我和華金斯說的

「可預測意外」。8

所謂可預測意外，是指組織領導者已經掌握辨識危機該有的資訊，卻仍然未能採取有效行動來預防它發生，儘管這個危機很可能是不可避免的。但我現在還想為這個定義給予不同的側重點：可預測意外是疏忽重要資訊，也沒有根據察覺重點實施領導統御獨特而顯著的後果。

可預測意外的發生，是許多重要人士都曉得災難逐漸浮現，也知道時間拖得越久，狀況就越嚴重，很可能拖延成一場重大危機，卻又未能及時採取行動，來預防可預見的損害。而且有些時候，在一個政治結構中，其實整個組織的各個部門，都已經擁有辨識危機的情報，很多人也都知曉。但是就大多數組織而言，不管這個錯誤牽涉到多少人，最應該負起責任的還是領導者，從各部門、各階層的主管到最高領導者，都應該負起責任。組織的最高領導者可能沒注意到這個問題，或者曾經接收到暗示卻疏忽了。這種狀況實在太常見，但也不會因為常見就可以被接受。有遠見的領導者必須能夠預見災難，並且採取行動來降低損害，如此即可避免可預測意外。

正如我在本書的前言所說的，我和華金斯會發展出可預測意外這個概念，是因為九一一事件的衝擊，之後又歷經多年的研究和思考，才促使我決定撰寫這本《覺察力》。我們在《透視危機》那本書中羅列事實，凸顯九一一恐怖攻擊其實可以預期得到，領導者也應該採取行動來防止它發生。能夠注意到可預測意外，並採取行動避免災難，才是優秀的領導人。

為什麼領導者疏忽可預測意外？

為什麼那些可預測意外，領導者往往無法預料到呢？這個問題必須從以下幾個方面回答：認知、組織和政治因素。[9]

認知因素

對於某些可預測意外的處理，有些認知偏差會造成我們及領導者看輕其必要性。首先，我們觀察世界的方式會太過樂觀，包括對自己、環境和未來的評估。[10] 從好處來說，樂觀幻想有助於面對困難任務，在處理不利及失控事件時也能繼續堅持下去。但不妙的是，樂觀幻想也會妨礙我們做出明智、平衡的決策，導致我們低估危險性，因此不能防止可預測意外。[11]

其次，我們對未來往往太過低估。請問你要現在拿五千元，或者一年後拿六千元？很多人都會選擇前者，儘管就現在的經濟情勢來說，一年增值二〇%的投資報酬率其實算是非常好。有很多人的房子冷熱絕緣做得不夠，也不留意選購貴一點但更節能的電器，儘管這麼做馬上就能省下資源，長期下來很可觀。這些行為都是高估現在、低估未來的例子，這種常見的趨勢必然傷害未來世代。就整個地球而言，我們對森林和海洋濫伐濫捕，採購和消費決策助長全球暖化，而且揮霍無度，債留子孫。我們常常選擇虧損機率小但數額大的投資，而投資期限甚至漫長到這輩子還看不到盡頭，但只要有些微的明確損失就不肯接受，儘管它可能是非常有價值的投資。

第三，個人、組織和國家往往以「不造成傷害」為第一法則。[12] 沒錯，在某些情況下這個建議是合理的。但這個法則往往也造成我們什麼都不敢做。一九九〇年代我們不願意損失十五分鐘來做登機安全檢查，以降低恐怖分子劫機的風險，這就是一個悲劇性的錯誤。直到現在我們還是抗拒一些犧牲，例如增加一點課稅、減少一點福利，或者支付一些改善紐奧良堤壩系統的費用，結果都是為後代子孫製造問題。

組織因素

在卡崔娜颶風來襲之後，紐奧良市、路易斯安那州和美國政府的領導人，都花了許多時間來解釋防災準備和反應何以不足，同時互相推諉，中央、地方相互指責。那些相互指責的手指頭，其實也提供了誰該負責的答案：就是市政府、州政府和聯邦政府各個層級的領導人，是他們對不起所有受災民眾。

再加上他們個人察覺不到警訊，也沒採取必要行動，對於處理卡崔娜的合作協調，市、州及聯邦政府顯現出驚人的全面失能。美國眾議院政府改革委員會主席戴維斯（Tom Davis）說：

我猜，我們會發現各級政府都對不起路易斯安那、密西西比和阿拉巴馬州的人民。比方說，我相信我們會聽到（聯邦緊急事務管理署主官）布朗（Michael Brown）說，路易斯安那州根本沒有統一的指揮調度和明確權責布署。這表示我們面對的不僅僅是聯邦緊急事務管理署出了什麼事，而是各級政府在防災準備和反應上都有大問題。難道我們不曉得要怎麼回應緊急事務嗎？還是我們不知道怎麼把事情做好？也或者是，就算我們有最好的規畫和預測，在政策制定和政策執行之間仍然存在巨大鴻溝？[13]

除了個人疏忽問題醞釀出急迫性之外，可預測意外也可能肇因於組織結構的缺陷、不當的獎懲機制和資訊整合。例如，卡崔娜颶風和九一一悲劇都明確指出一個關鍵的罪魁禍首，就是政府各部門的資源整合完全失敗，各個部會局處像個「孤島」各自為政。這種孤島式的運作就是領導失能的結果，也造成領導更加失能。孤島之內的責任歸屬必定模糊不清，沒人知道誰該負責什麼，也沒人扮演統籌及引導目標的角色。在這種情況下的獎懲機制，往往也只是鼓勵大家自掃門前雪。[14]

政治因素

避免可預測意外，在短期內消弭中、長期災難於無形，大概都會讓領導者承擔一些成本，包括金錢和政治上的。例如要修復紐奧良周圍的防洪系統，耗費必定龐大。但這件事在政治上要考慮的，可不只是像卡崔娜那樣的颶風對城市帶來的侵害，也牽涉到對現任決策者的影響。一九九〇年代晚期，對於飛航安全是否須強化的考慮也是如此，當時必要的花費僅需三十億美元，[15]這點錢跟後來因為不作為而帶來的潛在成本相比，實在微不足道，但當年誰也不知道鬆散安檢會帶來什麼威脅，因此當時柯林頓政府就認為那是一筆很高的政治成本。

有許多可預測意外的部分成因，可能僅是因為少數個人和組織為了一己私利而破壞制度或體系才造成。各位看看美國未能有效進行選舉資金的改革，使得美國的選舉活動被全球許多國家視為合法貪汙。包括我自己在內的美國公民，往往看不起那些容忍貪汙納賄的社會，但是當別人質疑美國遊說團體收買政府官員時，我們卻說「至少那是合法的」。可是這當中的差別實在沒意義，因為那些遊說團體一樣動用很多資源在「法」上搞花樣，讓官員通過法律、維持法的效力。

未能預見可預測意外的政治因素，不只發生在政府之中，連營利事業單位裡也有。我在第六章曾提到，安達信在安隆破產案中扮演重要角色，它應該預見卻疏於察覺敗德行為。安達信事務所的合夥人為什麼沒注意到這些事？要是某位合夥人或審計人員挺身而出，很可能要在公司內招犯眾怒，因為安達信從安隆賺取二千五百萬美元的審計費用，還有二千七百萬美元的管理顧問費嘛。在審計作業中，這種政治考量哪會鼓勵大家多注意呢？

採取行動以防止可預測意外

要防止可預測意外，領導者必須採取三個重要步驟：[16]

一、辨識威脅

有些災難是預測不到的，或者發生機率極低，因此不能責怪任何人疏忽威脅。比方說，大概沒幾個人想得到愛滋病毒（HIV）竟然能跨越物種障礙，感染人類。[17]然而最近幾十年來許多慘重的可預測意外，包括九一一恐怖攻擊、卡崔娜颶風、馬多夫詐騙案和二〇〇八年金融危機，都早有許多人提出警訊。當領導者能夠辨識威脅、採取行動時，我們常常表示驚嘆，也不吝鼓掌；要是他們疏於防備，我們也應該追究責任。要是領導者不仔細檢視周遭環境、不能從重要資訊中分析出威脅浮現，我們就應該追究責任，探究他們為何沒注意到可預測意外的發生。

二、判斷優先順序

領導者當然是萬機待理，許多方面都需要他。那麼他要怎麼判斷哪些事情應該即刻處理、哪些事情可以延緩辦理呢？優秀的領導者判斷重要威脅的一個工具，就是成本－效益分析。這種分析可以提升面對不確定性的成功率。藉由謹慎的成本—效益分析，領導者即可判斷威脅的輕重緩急。要是他們做不到這一點，也必須為此負起責任。

三、動員行動

有時候領導者雖然辨識出威脅，也了解其輕重緩急，卻沒有針對威脅採取適當行動。九一一恐怖攻擊就是這種情況。雖然副總統高爾的任務小組認定美國飛航安全必須強化，也強調這件事情要趕快做，但政府卻沒有採取行動。美國聯邦航空局那些官僚反對任務小組提議的改革，各大航空公司甚至花費幾百萬美元阻止政府解決安全漏洞，一來是怕會嚇走客人，同時也擔心當時提議的行李確認系統要花更多錢。[18]當時航空公司那些政治作為可是非常有效率，在阻止美國政府動員行動上發揮重要作用。但領導者不能受到這些政治活動的牽制，要是他們不能採取行動，就要為日後發生可預測意外負起責任。

雖然不確定地方政府或州政府官員都認識它的嚴重性，但的確有許多領導者知道強烈颶風會威脅紐奧良的未來。美國陸軍工程兵團和聯邦緊急事務管理署，肯定都把這個威脅視為優先緊急事務，但是地方、州及聯邦政府的各級官員卻不這麼認為。在聯邦政府方面，我們的領導者並未完全動員採取行動。卡崔娜颶風就是個可預測意外，而這個例子凸顯出領導失能，才導致災難發生。

覺察可預測意外的力量

在第八章中，我譴責許多人沒注意到金融業在二〇〇八年釀成的可預測意外，還有一連串奇奇怪怪的法律為這場災難創造上演機會。我也簡單地談到有幾個人的確注意到了，也採取行動，不過只是讓自己在那個過程中賺得飽飽的。也許柏里（Michael Burry）就是最早注意到抵押貸款業好得太離譜的先知之一，柏里曾對記者路易士說，他只是「一名獨眼的醫學院學生，社交孤僻，還背著十四萬五千美元的助學貸款」。[19] 等到他擔任住院醫師後，開始利用下班時間在網路論壇發表股票方面的文章。後來他辭去醫職，創辦避險基金賽恩資本（Scion Capital），從他的網路論壇上吸引許多投資人。

通常一家公司或業界幾位知情人士都會互相討論，形成共識，但根據路易士著作《大賣空》所描述，柏里並未跟任何人說起自己的觀察。在他對證券投資的研究中，有一部分是要閱讀金融相關文章和財務文件，抵押貸款債券又是非常複雜的商品，光是投資說明書就有一百多頁，更沒幾個人會去讀裡頭密密麻麻的小字。但柏里在二〇〇四和二〇〇五年花了很多時間閱讀許多投資說明書，從二〇〇四年開始，他就看出抵押貸款市場有問題，因為放款機構開始降低標準，但整個市場卻仍然不曉得。「這是很明顯的跡象，放款面已經走偏了，才會一直降低標準來衝放款量。」他當時在一份季報上這麼寫道。[20]

柏里也發現，只要跟市場對作就能賺到錢。二〇〇四年，他開始針對那些房地產市場崩盤下可能受傷的企業，買進保險。到了二〇〇五年，他買進複雜的對沖投資（即「信用違約交換」），抵押貸款市場的崩盤要是比金融市場預期還嚴重，這種避險商品就會產生極大的獲利潛能。柏里為他認為很爛的抵押債權債券買了約二十億美元的保險，但實際上只花一點點錢真正買進這些債券，一旦市場崩潰時就大有賺頭。他的投資人都緊張萬分，等到二〇〇七年房地產市場開始崩盤時，大家才曉得柏里早就跑在華爾街和我們的前面，知道市場早就瘋啦。於是在市場崩盤的時候，柏里和那些追隨者都賺了許多錢。

柏里的祕訣，就在於他的覺察能力。早在市場崩盤之前，他就注意到我在第八章談到的抵押貸款市場種種問題。透過思考借款人、抵押貸款源頭，以及我在第八章談到其他投資人的決策思維，柏里注意到，抵押貸款市場已經變成一座紙牌屋，等到強風來襲必定傾倒。這位不善交際的孤僻人士，竟然比華爾街專家更能設身處地去猜想大家的判斷。

德意志銀行有位業務員李普曼（Greg Lippmann），拿著柏里的分析四處兜售，那些聽從李普曼跟市場對作的投資人，也都賺了大錢。保爾森（John Paulson）就是這樣狠撈四十億美元。麥伊（Jamie Mai）和雷德利（Charlie Ledley）雖然沒有賺那麼多，終究也嘗到甜頭。這兩位先生在柏克萊的友人家後院小屋一起研究投資，認為「要在華爾街賺錢，最佳辦法是找出華爾街認為最不可能發生的事，然後跟市場對作，賭它會發生！」[21]他們採行逆勢操作的本能，套句路易士的話：「對於劇烈變化，市場傾向於低估其可能性。」[22]他們的賭注跟柏里很像，在市場崩盤後也變得很有錢。

我這本書當然不是要討論投資，而是強調領導者若能提升覺察力，並根據資訊採取行動，必定會帶來極大好處。柏里注意到一個可預測意外後，利用高度融資槓桿做賭注，獲得非常多的報酬。在其他領域，覺察力可以讓我們避免可預測意外，拯救生命、延續就業、避免饑荒、保護森林和海洋，創造出令人欽佩的組織，以及更美好的社會。覺察力正是領導統御的核心，而且靠你自己就能做到。

| 第十二章 |

發展覺察力

領導力專家班尼斯（Warren Bennis）認為，最重要的領導技巧是作家貝婁（Saul Bellow）說的「第一流覺察者」，這是貝婁在中篇小說〈真情〉（The Actual）中描述主角崔爾曼（Harry Trellman）的特質。第一流覺察者目光如炬，明察秋毫，尤其是對於人的行為。第一流覺察者隨時留意，能看出優秀人才，也能發覺別人錯失的機會。他們比較不會一廂情願地解讀資訊，而受其蒙蔽，願意以開放的心胸，客觀地看待資訊所展示的現實。因為能夠預先設想幾步，他們會知道應該做出哪些改變，並且確實進行改革。班尼斯及他的同事湯瑪斯（Robert Thomas）寫道，第一流覺察者比大多數人更善於辨識缺點和瑕疵，不僅是在自己的組織或部門，在更廣大的世界中也是如此。[1]他們也善於偵測欺騙，包括一些間接行為的影響，同時避開「滑坡」和可預測意外。第一流覺察者對於太過美好事情抱持謹慎和疑慮，他們比我們大多數人更注意那些不叫的狗。

我希望各位讀了這麼多資訊之後，已經開始有自己的辦法能成為第一流覺察者。我在前面幾章已經提供一些具體實例和有用的練習，以及在決策和領導統御中加強覺察力的有效策略。最後這一章則是要提出一些加強覺察能力、幫助他人注意重要訊息的建議。

集中注意力的思維模式

在繼續讀下去之前，請先想一想，有沒有什麼危機曾經讓你或你的組織嚇一跳（請先暫停閱讀，確實回想一下）。現在假設你對某位組織外的朋友描述這樁危機，前前後後發生了什麼、誰做了什麼事、最後結果怎樣。你朋友可能會問你：「怎麼會沒人發現呢？」請各位回想自己的經驗，想想你會怎麼回答（同樣的，請真的想過之後，再繼續往下讀。最好是把你的答案寫在紙上）。

你的回答像是以下這幾種嗎？

- 誰知道會發生什麼事啊。
- 這種事情發生的機率太低了，不值得考慮嘛。
- 注意警告標誌，不是我的事啊。
- 任何時候都可能出現很多危機，我們不知道這件事會發生，也很合理啊。

或者你的回答是以下幾項？

- 我沒有看出組織面對什麼威脅。
- 我沒有考慮到其他幾個單位對我們組織的影響。
- 我沒追問其他人，少了哪些資訊。

◆我沒為組織多設想幾種可供考慮的選項。

各位看出以上兩種回答方式的差別嗎？第一種方式是歸因於外部，都是一些自己無法掌控的因素；出問題的是環境，而不是你自己。相較之下，第二種則是承認內部的缺失，表示你知道如何做得更好。危機的發生大都有其內部與外部因素：你和組織也許都身處於艱困環境中，又碰上一些不幸和意外狀況，而你和同事們都沒預測到這個危機，也沒能達到應該有的妥善管理。

有一個讓大家信服的社會科學研究指出，我們對於成功的想法常以為是來自內部因素，以為是自己做得對才導致最後結果。相反的，要是遇到失敗，通常就歸諸於外部，指責他人、結構、環境等自己不能控制的因素。[2]那些曾經有美好過去的經理人常常自我膨脹，以為功勞都是因為自己，或者慷慨一點的話，也會歸功自己的管理團隊。然而要是遭遇嚴重挫折，經理人很快就歸咎於經濟狀況、市場趨勢，或者是政府干預所致。

但是，第一流的覺察者在這方面就比較一致。就算遭遇失敗，他們一樣專注於自己的作為，更重要的是仔細思考未來能否做出什麼改變。因此，覺察者可以避免重蹈覆轍。而這種專注於自我提升的態度，才能使我們從經驗中學到教訓，發展出必要的習慣和傾向，成為第一流的覺察者。

注意到不合理現象

在我研究覺察的社會科學內涵過程中，我讀了好幾本路易士的著作，大都是非小說的紀實作品，他在這方面是極富才華的優秀作家。我在上一章也談到他的《大賣空》，當中記錄少數幾位投資人注意到房地產市場引發金融災難的可能，遠比市場預期的還高，因此押寶與市場對作而賺了很多錢。路易士那部著作正強調出「覺察」的潛在利益，那些人就是注意到市場中某些不合理的地方。在他另一部著作《魔球》（*Moneyball*）中，路易士又描述了第一流覺察者在美國職棒大聯盟爭取競爭優勢的故事。

各位如果讀過《魔球》，或看過由布萊德・彼特（Brad Pitt）主演的改編電影，大概都會知道這部作品說的是美國奧克蘭運動家隊（Oakland Athletics）經理賓恩（Billy Beane）改造球隊、最後幾乎整個大聯盟都因此改變的故事。賓恩就是注意到長久以來業界人士對於棒球直覺的錯誤，這種直覺錯誤存在於制度中，以一種可預期的方式出現。棒球專家過度仰賴自己個人的觀察和球員近期表現，因此造成這種直覺上的錯誤，其實他們都忽略一些確切的數據資料，只要能掌握那些資料，很容易就能判斷出個別球員的真正表現。後來事實證明，想預測個別球員未來打擊好不好，其過去的打擊表現是非常重要的參考因素，但有很多棒球專家都忽略這一點。路易士寫道：「職棒球員市場的效率甚低，一般對於合理策略的理解也很糟，所以憑藉優秀管理，照樣可以打敗有錢的球隊。」[3]後來路易士那本著作成為暢銷書，運用數據資料的觀念也傳遍職棒大聯盟，之後許多其他職業運動也都因此改變。

賓恩顯然就是個第一流的覺察者。讓人特別好奇的是，為什麼職業棒球（或籃球、足球、曲棍球或美式足球）中，都沒人注意到這麼明顯的制度缺陷呢？暢銷書《推出你的影響力》（*Nudge*）的作者塞勒（Dick Thaler）和桑思坦（Cass Sunstein）對《魔球》的評論是，那些職棒專家並不笨，只不過是跟大多數人一樣。[4]他們依靠傳統和習慣，創造出主宰職棒運動的傳統智慧。

但是，第一流的覺察者會超越錯誤直覺，進而仔細查驗相關數據資料。所以，要成為貴產業的賓恩，各位應該問自己的問題是：在我這一行中，有哪些傳統智慧值得懷疑？

問：為何不

大學教育學費相當昂貴，我服務的大學也不例外。哈佛很幸運地成為富裕而慷慨的大學，對於需要經濟支援的學生提供重要的財務援助。但是還有其他許多優秀的大學，既沒錢維持學校本身的優勢（從教學設備到教職員工優渥薪水），也沒錢提供所有貧困學生財務援助。結果很多學生都面臨艱難抉擇：負債讀書，或者只好放棄高等教育。此外，選擇負債讀書的學生們，對畢業後的出路也不太有把握，不知能否找到一份好工作，以償還助學貸款，使得學生們面對的挑戰益形艱鉅。就算目前能取得的數據資料均顯示，大學教育是非常好的長期投資，但相較於兩萬、五萬甚至高達十萬美元的助學貸款，如此沉重的負債實在不太吸引人。在學期間也許還要兼差打好幾份工，才能減輕未來的財務負擔，但忙於打工兼差可能導致學業成績不佳，學歷資格因此受損。

對很多學生來說，這個問題就是典型的二選一而已，要或不要。要不借錢讀書，否則就得放棄高等教育。這些人往後都有幾十年時間可從事富於創造的工作，伴隨著龐大的潛在利益，因此，整個經濟和整個社會都面臨多嚴峻的選擇？是不是還有別的解決方案呢？

以下這個就是過去幾十年來已有的提議：讓學生以未來所得的一小部分，作為現在的學費，就可以讓他們免於承擔巨額債務。負債兩萬美元或更多錢的助學貸款，當然令人望之怯步。相較之下，要是欠母校未來所得的三%，看起來就不是那麼可怕了吧。這種作法的基本概念是從學生帶來的重要資源——也就是未來收入——擷取其中一小部分作為學費，即可免除負債。

美國奧勒岡州最近已立法通過，讓州民無須貸款或繳學費即可進入州立大學就讀。[5]在這個制度下，學生欠學校的是未來畢業後收入的一小部分，以後如果收入少，那麼償還金額也少；至於償還額短少的部分，就由收入高的畢業生來彌補，類似集資保險（insurance pools）的作法。另外一種方式，是在這個市場中導入新的營利事業機構，提供個人化的援助計畫，讓金主投資個別學生。投資人必須為學生負擔大部分學費，但可以換得該生未來收入的一小部分（其中有兩個組織名叫「鋪路」和「奮發向上」）。[6] 對左派來說，可能會比較喜歡奧勒岡州的計畫吧，至於右派大概會傾向於私人融資模式。我個人則是希望聯邦政府也能進入這個市場（這個想法也已經有人提出），以幫助那些欠缺資源的學生進入大學，解決現行制度下的社會問題。

像這種「現在就學、以後付費」的計畫，也許不是每個人都適用，這雖然有違過去的作法，卻幾乎受到一致好評，因為它注意到大學教育帶來的重要資源（未來收入）。學者奈爾巴夫（Barry Nalebuff）和艾瑞斯（Ian Ayres）在其著作《Why Not：創意之樂》（*Why Not?*）也指出，就是因為注意到機會，才有這些創新作法，他們也質疑為什麼不實施這些好辦法。[7] 奈爾巴夫和艾瑞斯鼓勵大家想像一下，要是那些學生的資源不受限制，將可以創造出什麼樣的產品和服務，而利用這個充滿想像力且不受限制的世界——相對於我們現在已知的種種限制——又會發現多少問題的解決辦法。

當局者迷，旁觀者清

企業界聘請我，通常是為了訓練經理人的談判效率，或者是針對一些重要特定交易（例如併購步驟）提供建議。針對後者，我必須先了解企業面對的挑戰，才能提供一些可能的解決方案。但是對於我的建議，常常得到的回應卻是他們公司或他們那個產業的作法不是那樣。我每次聽到這種回應，必定會更加努力。有時候是因為隔行如隔山，由於知識所限，而難以掌握到一些事實或限制，因此我提出的解決方案確實行不通。不過更常碰到的狀況卻是解決方案行不通，根本找不到合理的理由。完全是因為這家公司甚至是這個產業已經發展出某種壞習慣，必須加以改變才行。

我在那些狀況中，最重要的優勢並非我的聰明才智或創意，而是局外人的身分。正因為我是個局外人，才會注意到某些當局者根本看不到的想法。一家企業甚至是整個產業裡都有許多聰明的經理人，但他們常常受到一些無形的限制，以為某些事情只能以某種方式來處理。這時局外人更可能注意到體系中某些不正常的限制，換句話說，局外人更容易擺脫當局者受到的蒙蔽，發現到一些可行辦法。以下舉個簡單的例子。

大多數人都知道，要整修房子，往往比原先設想的還要花錢，而且時間會拖得更長。我們身為旁觀者都知道，屋主很可能添增一些昂貴的設備，而且一旦開始整修後，也許才會發現一些出乎意料之外的問題。可以說大家都知道這一點，除了那位興沖沖準備整修房子的屋主。身為當局者的他會認為，自己找來的包商一定很小心地估出預算和施工時間。然而等到預算超過、時間拖長時，他也必定會有一套說法來解釋為何如此。

同樣的，組織中的工作小組都很清楚，某些案子為何會比原先計畫還要耗時（局外人觀點），卻又自認為對即將開始的案子時程估算得很正確且客觀（當局者觀點）。我以「局外人」和「當局者」做區分，是根據康納曼和羅法洛（Dan Lovallo）的研究，他們發現當局者常常把特定狀況視為獨特，局外人則比較能在眾多狀況中看出共同性質。[8] 據此而言，如果能夠針對問題採取局外人的觀點，就可以注意到更多相關訊息。

正因為當局者和局外人的區別，所以還有更多策略可以提升覺察力，例如找外人來分享他的看法。也許是找一位你可以信任的朋友來說說他的觀點，他對於特定問題也許就能看到你疏忽的面向。對於重要決策可以請朋友來評估一下狀況，例如他們認為整修那棟房子要花多少錢，而且你到底什麼時候才能搬進去？或者（或是另外），你可以試著站在局外人的角度來看問題。假如你是個局外人，你認為某事會怎麼發展？關鍵是要蒐集局外人能掌握到的所有資訊，才能對你這個當局者的看法有所助益。

創造第一流的覺察者

我以前有個經理人學生就是第一流的覺察者。她很有創意，也很注意各個方面的環境，不會局限在眼前的資訊，總是深思熟慮，考慮周到。她在公司裡，對自己和同事、部屬的標準都很高。底下一些銷售員沒注意到某些重要資訊，讓她既失望又驚訝，因為她覺得那些訊息其實都很明顯。她自己是個第一流的覺察者，卻沒注意到部屬為何覺察不足。

我問她那些銷售人員的獎勵，她以為我換了話題，我向她保證不是。她說她的組織採用一般的目標管理制度，對於目標設定過程規畫完善。每一位員工每年都要跟自己的上司一起設定明年目標，並根據達成績效施以獎勵。我叫她先想出一位疏忽重要資訊的銷售員部屬，她很快就想到了，我們姑且叫他傑森吧。我問說傑森去年設定什麼目標，她回答是增加銷售額大約一五％，還有提升客戶滿意度等等。然後我問說傑森沒注意到什麼。她說傑森幾乎不注意自己客戶的付款狀況，低於其他銷售人員的客戶。因此傑森的登帳業績看起來是名列前茅，但實際入帳金額卻是在後半段。我問說佣金怎麼算，才知道他們是根據登帳業績來算。也就是說，就算客戶沒付款，傑森也一樣都拿到佣金。這時候這位經理才注意到，公司的制度其實有缺陷，等於是鼓勵傑森不必注意客戶的信用能力。

組織都會設定制度，包括組織結構、獎懲辦法、資訊系統等，這些都會影響到內部的員工察覺或忽視些什麼。比方說，在財務報告方面，現在外部審計制度的設計，反而讓審計人員做不到該做的事，他們不會注意到會計帳本的問題，反而具備討好客戶的動機，讓客戶繼續僱用和購買其他跟審計無關的服務。

具備分析、覺察能力的員工，也經常會受到組織現存的文化或動機所限制。創造出能夠增進員工察覺重要資訊，讓他們以更具效能的方式加以回應的制度，正是領導者的責任。領導者應該特別注意組織中有哪些事物會妨礙員工的覺察。這通常就是確認必要改造的第一步，讓組織充滿第一流的覺察者。

塞勒和桑思坦著作《推出你的影響力》的重要貢獻之一，是一種稱為「選擇架構」（choice architecture）的概念。選擇架構是利用我們對於思考運作的了解，找出更理想的方式向民眾、消費者和員工展示選擇。也許選擇架構最有名的例子，就是之前討論過的強森和高史丹對器官捐贈率的研究，指出採用「退出」制的國家會比「加入」制國家高出許多，因為後者必須由民眾簽署同意書才能捐贈。[9]

《覺察力》這本書帶給領導者挑戰，也期望他們可以成為提升覺察力的推手。領導者太常忽略制度設定上的缺陷，未能鼓勵合適的目標（組織實際營收），反而刺激了錯誤的產生（登帳業績）。我在此勉勵所有領導者都能成為提升覺察力的推手，設計出鼓勵員工關注重要資訊的制度。

我想各位跟我一樣，都有一些正常的覺察力，也跟我一樣，都希望對自己做的事情不會喪失專注。但關注每隔一段時間就需要休息，移除盲點，注意到周遭所有重要資訊。我希望各位現在都已經了解，專心雖然重要，但有時候覺察卻是更重要，至少是在進行重要決策的時候。我希望這本書能夠提供有用的指導，幫助各位從專注者提升為第一流的覺察者。

致謝

這本書就是我自己努力提升自我，成為第一流覺察者的歷程紀錄。我也不確定自己是否真的達到這個境界，但我有信心，知道自己在新世紀以來已經朝著這個方向有所進展。這一路上我有許多教練，包括：Dick Balzer、Mahzarin Banaji、Patti Bellinger、Warren Bennis、Iris Bohnet、Dolly Chugh、Netta Barak Corren、Marla Felcher、Pinar Fletcher、David Gergen、Francesca Gino、Josh Greene、Karim Kassam、George Loewenstein、David Messick、Katy Milkman、Don Moore、Neeru Paharia、Todd Rogers、Ovul Sezer、Katie Shonk、Lisa Shu、Ann Tenbrunsel、Chia-Jung Tsay、Ting Zhang，以及其他一些我現在沒注意到的合著者和朋友。

我的研究從一九九八年以來就獲得哈佛商學院的支持，其中談判、組織與市場小組的學術氣氛極佳，我在這段期間也和許多優秀的博士生合作，這都是我在追求覺察歷程中進行學術思考、形成見解的龐大資源。最近，我和葛根（David Gergen）一起擔任哈佛大學甘迺迪學院公共領導中心的主任。正當我在思考覺察力是領導統御的重要技能的時刻，擔任這個領導職位正好提供最鮮明而突出的經驗。跟大衛和執行董事帕蒂（Patti Bellinger）一起領導這個組織，對我發展覺察力作為領導核心挑戰的概念，提供許多見解，喚起我的共鳴和熱情。見證到大衛和帕蒂發揮長才，扮演高效領導者兼第一流覺察者，看到許多我疏忽的事物，再再令我驚嘆不已。值得一提的還有長期擔任公共領導中心顧問委員會主席的班尼斯，就是在領導統御領域首度引用「第一流覺察者」的學者。

這本書在文字表達上比我自己寫的還要好上許多。我很早以前就發現很多人鍛字鍊句比我強得多，得到他們的幫助，讓我受益甚多。凱蒂（Katie Shonk）在過去二十年來一直是我的研究助理、合著者和編輯。我寫出來的草稿，都是由凱蒂修飾得順暢通達。此外，她也在我這本書中發揮覺察的技藝。《芝加哥太陽報》（*Chicago Sun-Times*）記者懷斯（Hedy Weiss）在凱蒂小說《現在高興了嗎？》（*Happy Now?*）的報導中，就說凱蒂是第一流的覺察者。我在哈佛商學院的校務助理史溫尼（Elizabeth Sweeny）把這本書的稿子讀了好幾遍，也承擔一些編輯工作，讓我在資訊呈現上更為清晰，她不但提出許多極富見解的疑問，也常常要求我增添資料來源的附註，裨以在研究態度上正直無隱。賽門舒斯特出版公司（imon & Schuster）副總裁雷必恩（Thomas Lebien），本身就是資深編輯，他擔任這本書的編輯，提供詳細的編輯、指導和許多意見。這本書在論述上更有邏輯也更加清晰，都要感謝雷必恩的許多見解。過去我也出版過多部著作，但雷必恩無疑是我碰過最具洞察力的編輯。

接著要感謝喬桃莉（Dolly Chugh），這本書要敬獻給她。我認識桃莉，是在她二〇〇一年參與組織行為博士課程時。之後的五年中，桃莉是我最欣賞的同事。當時桃莉如果決定參加別的博士課程，那麼我大概也不會注意到過去這十二年來大多數的研究主題。在她的五年哈佛歲月中，桃莉跟我和班納潔一起發展出「界限倫理」（bounded ethicality）的概念（這個術語是班納潔跟巴斯卡〔R. Bhaskar〕在二〇〇〇年的論文中首度提出）。桃莉在二〇〇六年拿到哈佛的博士學位，現於紐約大學任教並正爭取終身教職的資格。二〇〇一年我跟湯布魯塞（Ann Tenbrunsel）合撰出版《盲點》（*Blind Spots*，普林斯頓大學出版社出版），那本書的核心部分就是我跟桃莉、班納潔共同研究的成果。當時我們曾找桃莉一起加入編撰工作，但她在取得紐大終身教職之前必須兼顧論文發表，因而婉拒。桃莉跟我也一起提出「有限認知」的概念，這本書就是從這個概念出發，談到許多覺察上的基本障礙。這一次我還是想找桃莉來一起撰稿，但她還是因為須把精力擺在學術論文的出版而再度婉拒。我很希望下次再出版專著時，能獲得她的積極回應。最後要提的是，桃莉跟我身邊的許多人，包括David Gergen、Patti Bellinger、Katie Shonk和我太太瑪拉（Marla Felcher）一樣，都是第一流的覺察者！

15. Bazerman and Watkins, *Predictable Surprises*.
16. 同前註。
17. 同前註。
18. 同前註。
19. Michael Lewis, *The Big Short: Inside the Doomsday Machine* (New York: Norton, 2010).
20. Quoted in Lewis, *The Big Short*, 28.
21. Lewis, *The Big Short*, 108.
22. 同前註。

第十二章

1. Warren G. Bennis and Robert J. Thomas, *Geeks and Geezers* (Boston: Harvard Business School Publishing, 2002).
2. Richard E. Nisbett and Lee Ross, *Human Inference: Strategies and Shortcomings of Social Judgment* (Englewood Cliffs, NJ: Prentice-Hall, 1980).
3. Michael Lewis, *Moneyball: The Art of Winning an Unfair Game* (New York: Norton, 2003).
4. Richard H. Thaler and Cass Sunstein, "Who's on First?," *New Republic*, September 1, 2003, 27.
5. Richard Perez-Pena, "Oregon Looks at Way to Attend College Now and Repay State Later," *New York Times*, July 3, 2013, http://www.nytimes.com/2013/07/04/education/in-oregon-a-plan-to-eliminate-tuition-and-loans-at-state-colleges.html. Although the legislation has passed, many barriers remain before implementation.
6. Tara Siegel Bernard, "Program Links Loans to Future Earnings," *New York Times*, July 19, 2013, http://www.nytimes.com/2013/07/20/your-money/unusual-student-loan-programs-link-to-future-earnings.html?emc=eta1&_r=0&pagewanted=all
7. Barry J. Nalebuff and Ian Ayres, *Why Not? How to Use EverydayIngenuity to Solve Problems Big and Small* (Boston: Harvard BusinessSchool Press, 2003).
8. Daniel Kahneman and Dan Lovallo, "Timid Choices and Bold Forecasts: A Cognitive Perspective on Risk Taking," *Management Science* 39 (1993): 17–31.
9. Eric Johnson and Dan Goldstein, "Do Defaults Save Lives?," *Science* 302 (<2003>): 1338–39.

4. "Overview of Governor Kathleen Babineaux Blanco's Actions in Preparation for and Response to Hurricane Katrina," Response to the U.S. Senate Committee on Homeland Security and Governmental Affairs Document and Information Request, dated October 7, 2005 and to the U.S. House of Representatives Select Committee to Investigate the Preparation for and Response to Hurricane Katrina, December 2, 2005, 18.
5. Larry Irons, "Hurricane Katrina as a Predictable Surprise," *Homeland Security Affairs* 1, no. 2 (2005): 4, http://www.hsaj.org/?article=1.2.7
6. John S. Petterson, Laura D. Stanley, Edward Glazier, and James Philipp, "A Preliminary Assessment of Social and Economic Impacts Associated with Hurricane Katrina," *American Anthropologist* 108, no. 4 (2008): 643.
7. Petterson et al., "A Preliminary Assessment of Social and Economic Impacts Associated with Hurricane Katrina," 666.
8. Max H. Bazerman and Michael D. Watkins, *Predictable Surprises: The Disasters You Should Have Seen Coming and How to Prevent Them* (Boston: Harvard Business School Press, 2004).
9. Bazerman and Watkins, *Predictable Surprises*.
10. Shelly E. Taylor, *Positive Illusions: Creative Self-Deception and the Healthy Mind* (New York: Basic Books, 1989); Shelly E. Taylor and Jonathon D. Brown, "Illusion and Well-being: A Social Psychological Perspective on Mental Health," *Psychological Bulletin* 103, no. 2 (1988): 193–210.
11. David Dunning, Chip Heath, and Jerry M. Suls, "Flawed Self-Assessment: Implications for Health, Education, and Business," *Psychological Science in the Public Interest* 5, no. 3 (2004): 69–106; Bazerman and Moore, *Judgment in Managerial Decision Making*; Bazerman and Watkins, *Predictable Surprises*.
12. Ritov and Baron, "Reluctance to Vaccinate."
13. "Opening Statement of Chairman Tom Davis," House Select Committee to Question Former FEMA Director Michael Brown, September 23, 2005, cited by Irons, "Hurricane Katrina as a Predictable Surprise."
14. Bazerman and Watkins, *Predictable Surprises*，其中第五章針對組織無能回應可預測意外的原因，有更完整的討論。

10. "Staples Complaint: Staples Refusing to Sell to Customers Who Won't Buy Their Service Plan!," *My3cents.com*, March 9, 2009, http://www.my3cents.com/showReview.cgi?id=50762
11. Bazerman and Tenbrunsel, *Blind Spots*.
12. Denise Gellene, "Sears Drops Car Repair Incentives: Retailing. The Company Says 'Mistakes Have Been Made' in Its Aggressive Commission Program. But Some Sales Quotas Will Remain in Place," *Los Angeles Times*, June 23, 1992, http://articles.latimes.com/199206-23/business/fi-900_1_sales-quotas
13. Carolyn Chen, "Asians Too Smart for Their Own Good?," *New York Times*, December 29, 2012, http://www.nytimes.com/2012/12/20/opinion/asians-too-smart-for-their-own-good.html
14. 15. Thomas J. Espenshade and Alexandria Walton Radford, *No Longer Separate, Not Yet Equal: Race and Class in Elite College Admission and Campus Life* (Princeton, NJ: Princeton University Press, 2009).
15. "Fears of an Asian Quota in the Ivy League," *New York Times*, December 19, 2012, http://www.nytimes.com/roomfordebate/2012/12/19/fears-of-an-asian-quota-in-the-ivy-league
16. John C. Brittain and Richard D. Kahlenberg, "When Wealth Trumps Merit," New York Times, May 13, 2013, http://www.nytimes.com/roomfordebate/2012/12/19/fears-of-an-asian-quota-in-the-ivy-league/legacy-admissions-favor-wealth-over-merit

第十一章

1. Eric Berger, "Keeping Its Head above Water," *Houston Chronicle*, December 1, 2001, http://www.chron.com/news/nation-world/article/New-Orleans-faces-doomsday-in-hurricane-scenario-2017771.php
2. Benjamin Alexander-Birch, "Washing Away," *Times-Picayune* (New Orleans), June 23–27, 2002, http://www.nola.com/washingaway/
3. Joel J. Bourne, "Gone with the Water," *National Geographic*, October 2004.

第十章

1. Testimony by Martha Landers, former Blitz quality control team member and executive assistant to Blitz's CEO, 2012, in the case of Karen Gueniot-Kornegay, individually and on behalf of all of the wrongful death beneficiaries of Matthew Dylan Kornegay Plaintiff, versus Blitz U.S.A., Inc., Wal-Mart, Inc. and Discovery Plastics, LLC.
2. Testimony by Walmart buyer Roderick Stakley, 2012, in the case of Karen Gueniot-Kornegay, individually and on behalf of all of the wrongful death beneficiaries of Matthew Dylan Kornegay Plaintiff, versus Blitz U.S.A., Inc., Wal-Mart, Inc. and Discovery Plastics, LLC.
3. Marla Felcher, "Protect Our Children . . . from Their Toys? Warning: Buy Toys at Your Own Risk," *Wal-Mart Watch*, http://walmartwatch.com/wp-content/blogs.dir/2/files/pdf/danger_for_sale.pdf, 7
4. Renee Dudley and Arun Devnath, "Wal-Mart Nixed Paying Bangladesh Suppliers to Fight Fire," *City Wire*, December 5, 2012, http://thecitywire.com/node/25425
5. Andrew Pollack, "Questcor Finds Profits, at $28,000 a Vial," *New York Times*, December 29, 2012, http://www.nytimes.com/2012/12/30/business/questcor-finds-profit-for-acthar-drug-at-28000-a-vial.html?pagewanted=all&_r=0
6. Alex Berenson, "A Cancer Drug's Big Price Rise Is Cause for Concern," *New York Times*, March 12, 2006, http://www.nytimes.com/2006/03/12/business/12price.html?pagewanted=print&_r=0
7. Neeru Paharia, Karim S. Kassam, Joshua D. Greene, and Max H. Bazerman, "Dirty Work, Clean Hands: The Moral Psychology of Indirect Agency," *Organizational Behavior and Human Decision Processes* 109 (2009): 134–41.
8. See Bazerman and Moore, *Judgment in Managerial Decision Making*, for a summary of this research.
9. David Segal, "Selling It with Extras, or Not at All," New York Times, September 8, 2012, http://www.nytimes.com/2012/09/09/your-money/sales-incentives-at-staples-draw-complaints-the-haggler.html?pagewanted=all

第九章

1. Sheila McNulty, "BP Memo Criticises Company Leadership," *Financial Times*, December 17, 2006.
2. Tony Hayward, "Entrepreneurial Spirit Needed." Stanford Business School via Stanford University, May 12, 2009.
3. lifford Krauss, "Oil Spill's Blow to BP's Image May Eclipse Costs," *New York Times*, April 29, 2010.
4. Tim Webb, "BP Boss Admits Job on the Line over Gulf Oil Spill," *Guardian*, May 13, 2010.
5. Greg Palkot, "Gulf Spill: BP Chief Talks," FoxNews.com, May 18, 2010, http://liveshots.blogs.foxnews.com/2010/05/18/gulf-spill-bpchief-talks/
6. "BP Chief Apologizes for 'I'd Like My Life Back' Comment," AFP, June 2, 2010, http://www.google.com/hostednews/afp/article/ALeqM5jTQVdQPfD7xEKyXtRlVNePp4eVMw
7. "BP Chief Apologizes for 'I'd Like My Life Back' Comment."
8. Suzanne Goldberg, " 'If He Was Working for Me I'd Sack Him': Obama Turns Up Heat on BP Boss," *Guardian*, June 8, 2010, http://www.guardian.co.uk/business/2010/jun/08/bp-deepwater-horizon-obama
9. Pam Belluck, Jennifer Preston, and Gardiner Harris, "Cancer Group Backs Down on Cutting Off Planned Parenthood," *New York Times*, February 3, 2012.
10. Editorial, "A Painful Betrayal," New York Times, February 2, 2012.
11. George Akerlof, "The Market for Lemons: Qualitative Uncertainty and the Market Mechanism," *Quarterly Journal of Economics* 89 (1970): 488–500.
12. George A. Akerlof, "Writing the 'The Market for "Lemons" ': A Personal and Interpretive Essay," Nobelprize.org, November 14, 2003, http://www.nobelprize.org/nobel_prizes/economics/laureates/2001/akerlof-article.html
13. Max H. Bazerman and William F. Samuelson, "I Won the Auction but Don't Want the Prize," *Journal of Conflict Resolution* 27, no. 4 (1983): 618–34
14. Bazerman and Samuelson, "I Won the Auction but Don't Want the Prize."
15. Eyal Ert, Stephanie Creary, and Max H. Bazerman, "Cynicism in Negotiation: When Communication Increases Buyers' Skepticism," 2013. Harvard Business School, working paper.

10. Avishalom Tor and Max H. Bazerman, "Focusing Failures in Competitive Environments: Explaining Decision Errors in the Monty Hall Game, the Acquiring a Company Game, and Multiparty Ultimatums," *Journal of Behavioral Decision Making* 16 (2003): 353–74.

第八章

1. Mark Gimein, " At Swoopo, Shopping's Steep Spiral Into Addiction," *Washington Post*. July 12, 2009, http://articles.washingtonpost.com/2009-07-12/business/36811384_1_members-bid-auction-bid-butler
2. Martin Shubik, "The Dollar Auction Game: A Paradox in Noncooperative Behavior and Escalation," *Journal of Conflict Resolution* 15, no. 1 (1971): 109–11.
3. Gimein, "Swoopo."
4. Richard Thaler, "Paying a Price for the Thrill of the Hunt," *New York Times*, November 14, 2009, http://www.nytimes.com/2009/11/15/business/economy/15view.html
5. Ned Augenblick, "Consumer and Producer Behavior in the Market for Penny Auctions: A Theoretical and Empirical Analysis," December 2012, unpublished paper, http://faculty.haas.berkeley.edu/ned/Penny_Auction.pdf
6. Harry Markopolos, *No One Would Listen: A True Financial Thriller* (Hoboken, NJ: Wiley, 2010).
7. Diana B. Henriques, *The Wizard of Lies: Bernie Madoff and the Death of Trust* (New York: Times Books, 2011).
8. Markopolos, *No One Would Listen*.
9. Parts of the summary in this section were adapted from Deepak Malhotra, "Too Big to Trust: Conceptualizing and Managing Stakeholder Trust in the Post-Bailout Economy," 2011, working paper, Harvard Business School.
10. Nicholas D. Kristof, "A Banker Speaks, with Regret," *New York Times*, November 30, 2011, http://www.nytimes.com/2011/12/01/opinion/kristof-a-banker-speaks-with-regret.html

15. The Clinton-Lewinsky discussion is based on "Lewinsky Scandal," Wikipedia, http://en.wikipedia.org/wiki/Lewinsky_scandal

第七章

1. Arthur Conan Doyle, *Sherlock Holmes: Selected Stories* (Oxford: Oxford University Press, 2008), 1–33.
2. Ilana Ritov and Jonathon Baron, "Reluctance to Vaccinate: Omission Bias and Ambiguity," *Journal of Behavioral Decision Making* 3 (1990): 263–77; Jacqueline R. Meszaros, David A. Asch, Jonathan Baron, John Hershey, Howard Kunreuther, and Joanne Schwartz-Buzaglo, "Cognitive Processes and the Decisions of Some Parents to Forego Pertussis Vaccination for Their Children," *Journal of Clinical Epidemiology* 49 (1996): 697–703.
3. Peter Schmidt, "Children of Alumni Are Uniquely Harmed by Admissions Preferences, Study Finds," *Chronicle of Higher Education*, April 6, 2007.
4. "The Curse of Nepotism," *Economist*, January 8, 2004.
5. "The Curse of Nepotism."
6. Thomas J. Espenshade, Chang Y. Chung, and Joan L. Walling, "Admission Preferences for Minority Students, Athletes, and Legacies at Elite Universities," *Social Science Quarterly* 85 (December 2004): 1422–46.
7. Michael Hurwitz, "The Impact of Legacy Status on Undergraduate Admissions at Elite Colleges and Universities." *Economics of Education Review*, 30, no. 3 (2011): 480–92.
8. Jerome Karabel, *The Chosen: The Hidden History of Admission and Exclusion at Harvard, Yale, and Princeton* (Boston: Houghton Mifflin, 2005).
9. Barry J. Nalebuff and Ian Ayres, *Why Not? How to Use Everyday Ingenuity to Solve Problems Big and Small* (Boston: Harvard Business School Press, 2003); Steve Selvin, letter to the editor, *American Statistician* 29, no. 3 (1975): 67; Marilyn vos Savant, "Ask Marilyn," *Parade*, December 2, 1990; Marilyn vos Savant, "Ask Marilyn," *Parade*, September 8, 1990; Marilyn vos Savant, "Ask Marilyn," *Parade*, February 17, 1991.

5. Catherine M. Schrand and Sarah L. C. Zechman, "Executive Overconfidence and the Slippery Slope to Financial Misreporting," *Journal of Accounting & Economics* 53 (2012): 311–29.
6. This quiz was adapted from Marc Alpert and Howard Raffia, "A Progress Report on the Training of Probability Assessors," in *Judgment under Uncertainty: Heuristics and Biases*, ed. Daniel Kahneman, Paul Slovic, and Amos Tversky (Cambridge, UK: Cambridge University Press, 1982).
7. Max H. Bazerman and Don A. Moore, *Judgment in Managerial Decision Making*, 8th ed. (New York: Wiley, 2013); Don A. Moore and Paul J. Healy, "The Trouble with Overconfidence," *Psychological Review* 115, no. 2 (2008): 502–17. These sources also overview the conditions under which underconfidence can be predicted to occur.
8. See Bazerman and Moore, *Judgment in Managerial Decision Making*, for an overview of this literature.
9. Ulrike Malmendier and Geoffrey Tate, "CEO Overconfidence and Corporate Investment," *Journal of Finance* 60, no. 6 (2005): 2661–700.
10. "Former President and Former Vice-President of Kurzweil Applied Intelligence Sentenced to Prison for Roles in Securities Fraud Scheme," PRNewswire, December 12, 1996, http://www.mackenty.com/stever/kan/sentenced.html.
11. Barry M. Staw, "Knee-deep in the Big Muddy: A Study of Escalating Commitment to a Chosen Course of Action," *Organizational Behavior and Human Decision Processes* 16, no. 1 (1976): 27–44; Bazerman and Moore, *Judgment in Managerial Decision Making*.
12. "2011 UBS Rogue Trader Scandal," Wikipedia, http://en.wikipedia.org/wiki/2011_UBS_rogue_trader_scandal
13. Mark Scott, "UBS Fined $47.5 Million in Rogue Trading Scandal," *New York Times DealBook*, November 26, 2012, http://dealbook.nytimes.com/2012/11/26/ubs-fined-47-5-million-in-rogue-tradingscandal/
14. Celia Moore, "Psychological Perspectives on Corruption," in *Psychological Perspectives on Ethical Behavior and Decision Making*, ed. David De Cremer (Charlotte, NC: Information Age, 2009).

7. Rogers and Norton, "The Artful Dodger."

8. Todd Rogers, Francesca Gino, Michael I. Norton, Richard Zeckhauser, and Maurice Schweitzer, "Artful Dodging and Negotiation," 2013. Harvard University, working paper.

9. Garold Stasser, "Computer Simulation as a Research Tool: The DISCUSS Model of Group Decision Making," *Journal of Experimental Social Psychology* 24, no. 5 (1988): 393–422; Garold Stasser and Dennis D. Stewart, "Discovery of Hidden Profiles by Decision-making Groups: Solving a Problem versus Making a Judgment," *Journal of Personality & Social Psychology* 63, no. 3 (1992): 426–34; Garold Stasser and William Titus, "Pooling of Unshared Information in Group Decision Making: Biased Information Sampling During Discussion," *Journal of Personality & Social Psychology* 48, no. 6 1985): 1467–78; Deborah H. Gruenfeld, Elizabeth A. Mannix, Katherine Y.Williams, and Margaret A. Neale, "Group Composition and Decision Making: How Member Familiarity and Information Distribution Affect Process and Performance," *Organizational Behavior & Human Decision Processes 67*, no. 1 (1996): 1–15.

10. Stasser and Titus, "Pooling of Unshared Information in Group Decision Making."

第六章

1. Arthur Levitt, *Take On the Street: What Wall Street and Corporate America Don't Want You to Know. What You Can Do to Fight Back* (New York: Random House, 2002).

2. Daniel J. Simons, "Current Approaches to Change Blindness," *Visual Cognition 7*, nos. 1–3 (2000): 1–15.

3. Daniel J. Simons, Christopher F. Chabris, Tatiana T. Schnur, and Daniel T. Levin, "Evidence for Preserved Representations in Change Blindness," *Consciousness and Cognition* 11 (2002): 78–97.

4. Scott McGregor, "Earnings Management and Manipulation," n.d., http://webpage.pace.edu/pviswanath/notes/corpfin/earningsmanip.html

11. Leslie K. John, George Loewenstein, and Drazen Prelec, "Measuring the Prevalence of Questionable Research Practices with Incentives for Truth-telling," *Psychological Science* 23, no. 5 (2012): 524–32.
12. Bazerman and Tenbrunsel, *Blind Spots*.
13. Simmons et al., "False-Positive Psychology."
14. Jann Swanson, "Ratings Agencies Hit for Role in Financial Crisis," *Mortgage News Daily*, October 22, 2008, http://www.mortgagenewsdaily.com/10232008_Ratings_Agencies_.asp.
15. 註十六：Nathaniel Popper, "S.&P. Bond Deals Are on the Rise Since It Relaxed Rating Criteria," *New York Times DealBook*, September 17, 2013, http://dealbook.nytimes.com/2013/09/17/s-p-bond-deals-areon-the-rise-since-it-relaxed-rating-criteria/?_r=0
16. Popper, "S.&P. Bond Deals Are on the Rise Since It Relaxed Rating Criteria."

第五章

1. John S. Hammond, Ralph L. Keeney, and Howard Raiffa, *Smart Choices* (Boston: Harvard Business School Press, 1999).
2. Adam Pash, "Microsoft's Browser Comparison Chart Offends Anyone Who's Ever Used Another Browser," *Lifehacker*, June 20, 2009, http://www.lifehacker.com.au/2009/06/microsofts-browser-comparison-chartoffends-anyone-whos-ever-used-another-browser/
3. U.S. Senate, Permanent Subcommittee on Investigations Committee on Homeland Security and Governmental Affairs, "Wall Street and the Financial Crisis: Anatomy of a Financial Collapse," April 13, 2011, http://www.hsgac.senate.gov//imo/media/doc/Financial_Crisis/FinancialCrisisReport.pdf?attempt=2
4. Jesse Eisenger, "Misdirection in Goldman Sachs's Housing Short," *New York Times DealBook*, June 15, 2011, http://dealbook.nytimes.com/2011/06/15/misdirection-in-goldman-sachss-housing-short/
5. J. D. Trout, "An Index of Honesty," 2012. Loyola University, working paper.
6. Todd Rogers and Michael I. Norton, "The Artful Dodger: Answering the Wrong Question the Right Way," *Journal of Experimental Psychology: Applied* 17, no. 2 (2011): 139–47.

19. Alexis Levine and Michael Harquail, "Wheatley Review May Mean Big Changes for LIBOR," Blakes Business, October 5, 2012, http://www.blakes.com/English/Resources/Bulletins/Pages/Details.aspx?BulletinID=1516
20. Naomi Wolf, "This Global Financial Fraud and Its Gatekeepers," The *Guardian*, July 14, 2012.

第四章

1. Peter Aldhous, "Misconduct Found in Harvard Animal Morality Prof 's Lab," *New Scientist*, August 11, 2010.
2. Tom Bartlett, "Document Sheds Light on Investigation at Harvard," *Chronicle of Higher Education*, August 19, 2010, http://chronicle.com/article/Document-Sheds-Light-on/123988/
3. "Stapel betuigt openlijk 'diepe spijt,'" *Brabants Dagblad*, October31, 2011, translated at http://en.wikipedia.org/wiki/Diederik_Stapel #cite_note-26
4. Max H. Bazerman, Kimberly P. Morgan, and George F. Loewenstein, "The Impossibility of Auditor Independence," *Sloan Management Review* 38, no. 4 (1997): 98–94.
5. Linda Babcock, George Loewenstein, Samuel Issacharoff, and Colin Camerer, "Biased Judgments of Fairness in Bargaining," *American Economic Review* 85, no. 5 (1995): 1337–43.
6. Don A. Moore, Lloyd Tanlu, and Max H. Bazerman, "Conflict of Interest and the Intrusion of Bias," *Judgment and Decision Making* 5, no. 1 (2010): 37–53.
7. Linda Babcock and George Loewenstein, "Explaining Bargaining Impasse: The Role of Self-Serving Biases," *Journal of Economic Perspectives* 11, no. 1 (1997): 109–26.
8. Chugh, Bazerman, and Banaji, "Bounded Ethicality as a Psychological Barrier to Recognizing Conflicts of Interest."
9. Joseph P. Simmons, Leif D. Nelson, and Uri Simonsohn, "False-Positive Psychology: Undisclosed Flexibility in Data Collection and Analysis Allows Presenting Anything as Significant," *Psychological Science* 22 (November 2011): 1359–66.
10. Simmons et al., "False-Positive Psychology."

4. Langley, "Inside J.P. Morgan's Blunder."
5. 同前註。
6. Dawn Kopecki, Phil Mattingly, and Clea Benson, "Dimon Fires back at Complex System in U.S. Senate Grilling," *Bloomberg Business Week*, June 13, 2012.
7. Langley, "Inside J.P.Morgan's Blunder."
8. The source for the JPMorgan Chase story is Dawn Kopecki, "JPMorgan Pays $920 Million to Settle London Whale Probes," Bloomberg, September 20, 2013, http://www.bloomberg.com/news/2013-09-19/jpmorgan-chase-agrees-to-pay-920-million-for-london-whale-loss.html
9. Maura Dolan, "Barry Bonds' Conviction for Obstruction of Justice is Upheld," *Los Angeles Times*, September 13, 2013.
10. Bazerman and Tenbrunsel, *Blind Spots*.
11. 同前註。
12. Discussion of the Enron case is based on "Commentary: No Excuses for Enron's Board," Bloomberg, July 28, 2002, http://www.businessweek.com/printer/articles/163876-commentary-no-excusesfor-enron-s-board?type=old_article.
13. David Winkler, "India's Satyam Accounting Scandal," University of Iowa Center for International Finance and Development, February 1, 2010, http://blogs.law.uiowa.edu/ebook/content/uicifd-briefingpaper-no-8-indias-satyam-accounting-scandal
14. Winkler, "India's Satyam Accounting Scandal."
15. 同前註。
16. John Glover, "Libor, Set by Fewer Banks, Losing Status as a Benchmark," Bloomberg Business Week, October 8, 2012, http://www.businessweek.com/news/2012-10-08/libor-now-set-by-six-bankslosing-status-as-a-benchmark
17. Stephan Gandel, "Barclays the Biggest Libor Liar? No, That May Have Been Citi," *CNN Money*, July 19, 2012, http://finance.fortune.cnn.com/2012/07/19/citigroup-biggest-libor-liar/
18. Andrea Tan, Gavin Finch, and Liam Vaughan, "RBS Instant Messages Show Libor Rates Skewed for Traders," *Bloomberg*, September 26, 2012, http://www.bloomberg.com/news/2012-09-25/rbs-instant-messageshow-libor-rates-skewed-for-traders.html

4. Max H. Bazerman and Ann E. Tenbrunsel, *Blind Spots: Why We Fail to Do What's Right and What to Do about It* (Princeton, NJ: Princeton University Press, 2011).
5. Christopher Hitchens, "Bringing the Pope to Justice," *Newsweek*, May 3, 2010.
6. U.S. Conference of Catholic Bishops, *The Nature and Scope of the Problem of Sexual Abuse of Minors by Catholic Priests and Deacons in the United States, 1950–2002: A Research Study Conducted by the John Jay College of Criminal Justice* (Washington, D.C.: 2004).
7. 同前註。
8. Dolly Chugh, Max H. Bazerman, and Mahzarin R. Banaji, "Bounded Ethicality as a Psychological Barrier to Recognizing Conflicts of Interest," in *Conflicts of nterest: Problems and Solutions from Law, Medicine and Organizational Settings*, ed. Don A. Moore, Daylian Cain, George Loewenstein, and Max H. Bazerman (London: Cambridge University Press, 2005); Bazerman and Tenbrunsel, *Blind Spots*.
9. "Belichick Fined," *Mike & Mike in the Morning*, ESPN.com audio podcast, September 14, 2007.
10. *United States of America v. Philip Morris USA, et al*., Docket No. CA99-02496, May 4, 2005, http://legacy.library.ucsf.edu/tid/pro08h00/pdf;jsessionid=3DC17F408ED1154E3AE2ECCA4D989A1C.tobacco03
11. The website of the Government Accountability Project is http://www.whistleblower.org
12. Carol D. Leonnig, "Judge in Tobacco Case Urges Settlement," *Washington Post*, June 21, 2005, http://www.washingtonpost.com/wp-dyn/content/article/2005/06/20/AR2005062001245.html; "Government Witness in Tobacco Case Says Justice Department Lawyers Asked Him to Weaken Testimony," Common Dreams News Center, June 20, 2005, http://www.commondreams.org/news2005/0620-25.htm

第三章

1. Susan Dominus, "The Woman Who Took the Fall for JPMorgan," *New York Times*, October 3, 2012.
2. Monica Langley, "Inside J.P.Morgan's Blunder," *Wall Street Journal*, May 18, 2012.
3. Dominus, "The Woman Who Took the Fall for JPMorgan."

註解

前言

1. National Commission on Terrorist Attacks upon the United States, "The 9/11 Commission Report," 2004, http://govinfo.library.unt.edu/911/report/911Report_Exec.htm
2. Keith E. Stanovich and Richard F. West, "Individual Differences in Reasoning: Implications for the Rationality Debate?," *Behavioral and Brain Sciences 23* (2000): 645–65.

第一章

1. Jack Brittain and Sam Sitkin, "Carter Racing," Delta Leadership, 2006. This is a simulation, distributed by a for-profit company: For copyright clearance, contact Delta Leadership, Inc: carter@deltaleadership.com; P.O. Box 794, Carrboro, NC 27510.2. Car Talk, NPR, May 24, 2003.
2. Car Talk, NPR, May 24, 2003.
3. Daniel J. Simons and Chris F. Chabris, "Gorillas in Our Midst: Sustained Inattentional Blindness for Dynamic Events," *Perception 28* (1999): 1059–74.
4. *Five Easy Pieces*, DVD, directed by Bob Rafelson (1970; Sony Pictures Home Entertainment, 1999).

第二章

1. Unless other documentation is provided, all information on the Sandusky case is from Mark Viera, "In Sexual Abuse Case, a Focus on How Paterno Reacted," *New York Times*, November 6, 2011.
2. Pete Thamel, "State Officials Blast Penn State in Sandusky Case," *New York Times*, November 7, 2011.
3. Thomas Farragher, "Admission of Awareness Damning for Law," *Boston Globe*, December 14, 2002, http://www.boston.com/globe/spotlight/abuse/stories3/121402_admission.htm

創新觀點22

覺察力：哈佛商學院教你察覺別人遺漏的訊息，掌握行動先機

2015年1月初版　　　　定價：新臺幣320元
2022年5月初版第八刷

著　　者　Max H. Bazerman
譯　　者　陳重亨
叢書主編　鄒恆月
叢書編輯　王盈婷
封面設計　黃聖文
內文排版　林婕瀅

出 版 者　聯經出版事業股份有限公司
地　　址　新北市汐止區大同路一段369號1樓
叢書主編電話　(02)86925588轉5315
台北聯經書房　台北市新生南路三段94號
電　　話　(02)23620308
台中分公司　台中市北區崇德路一段198號
暨門市電話　(04)22312023
郵政劃撥帳戶第0100559-3號
郵撥電話　(02)23620308
印 刷 者　文聯彩色製版印刷有限公司
總 經 銷　聯合發行股份有限公司
發 行 所　新北市新店區寶橋路235巷6弄6號2F
電　　話　(02)29178022

副總編輯　陳逸華
總 編 輯　涂豐恩
總 經 理　陳芝宇
社　　長　羅國俊
發 行 人　林載爵

行政院新聞局出版事業登記證局版臺業字第0130號

本書如有缺頁，破損，倒裝請寄回台北聯經書房更換。　ISBN 978-957-08-4506-8 (平裝)
聯經網址 http://www.linkingbooks.com.tw
電子信箱 e-mail:linking@udngroup.com

國家圖書館出版品預行編目資料

覺察力：哈佛商學院教你察覺別人遺漏的訊息，掌握行動先機！/ Max H. Bazerman著．陳重亨譯．初版．新北市．聯經．2015年1月（民104年）．256面．14.8×21公分（創新觀點：22）
譯自：The power of noticing: what the best leaders see
ISBN 978-957-08-4506-8（平裝）
[2022年5月初版第八刷]

1.決策管理 2.商業談判 3.領導統御

494.1 103025781